草莓高效栽培技术图谱

李　刚　李亮杰　杜小亮　主编

河南科学技术出版社
·郑州·

图书在版编目（CIP）数据

草莓高效栽培技术图谱 / 李刚，李亮杰，杜小亮主编. —郑州：河南科学技术出版社，2022.3

ISBN 978-7-5725-0746-5

Ⅰ. ①草… Ⅱ. ①李… ②李… ③杜… Ⅲ. ①草莓—果树园艺—图谱 Ⅳ. ①S668.4-64

中国版本图书馆CIP数据核字（2022）第031104号

出版发行：河南科学技术出版社

地址：郑州市郑东新区祥盛街27号　　邮编：450016

电话：（0371）65737028　65788613

网址：www.hnstp.cn

策划编辑：陈淑芹　陈　艳　编辑信箱：hnstpnys@126.com

责任编辑：陈淑芹

责任校对：张萌萌

封面设计：张德琛

责任印制：朱　飞

印　　刷：河南博雅彩印有限公司

经　　销：全国新华书店

开　　本：890 mm × 1 240 mm　1/32　　印张：5　　字数：120千字

版　　次：2022年3月第1版　　2022年3月第1次印刷

定　　价：28.00元

本书编写人员名单

主　　编：李　刚　李亮杰　杜小亮

参　　编：周厚成　赵　霞　刘丽锋　宋艳红
胡盼盼　宋　盼　赵凤莉　陈亚铎
赵倩倩

编著单位：中国农业科学院郑州果树研究所

前 言

中国已成为世界第一草莓生产大国和第一消费大国，草莓产量占世界总产量的50%以上。有关统计数据显示，2020年我国草莓栽培面积约18万公顷，产量500万吨，年产值超过800亿元，已形成小草莓—高效益—大产业的发展格局。草莓适应性广，我国各省市均有种植，主要产地有山东、辽宁、安徽、江苏、河北、河南、湖北、四川、浙江等，云南、贵州、西藏自治区等西南高海拔地区草莓发展较快，其中云南省夏秋草莓栽培面积近几年增长迅速。我国草莓栽培形式主要是利用塑料大棚和日光温室的设施促成栽培。黄河以南地区主要利用塑料大棚生产，而在中国北方地区主要以日光温室为主，特别是辽宁、山东、河北，是使用该栽培形式的主要地区。目前，草莓露地栽培的量非常少，主要在广东、福建、广西等地区作为鲜食用途进行栽培，山东和辽宁也使用该方式生产加工草莓。从南方的露地栽培、西南的夏秋栽培到北方的半促成、促成栽培和抑制栽培等多种栽培模式，已形成了草莓鲜果周年供应。在品种方面，目前我国草莓生产主栽品种仍以日本、美国等地引进的为主，但近几年国产品种的栽培面积呈现迅速增长的趋势。

近年来，我国草莓种植技术取得了很大进步，单位面积产量、果实品质、经济效益都得到了显著提高，亩产2 000 ~ 3 000千克、亩产值3万 ~ 5万元的草莓园已随处可见。经济效益驱动和消费习惯的改变，使得人们对果实外观和内在品质的要求越来越高，同时，自采已成为一种时尚，各地大量涌现出以草莓为主题的观光采摘园，区域化、规模化发展进一步加速，形成许多草莓县、草莓乡镇和草莓村。小草莓做成了大产业，草莓种植已成为许多地方农民致富的支柱产业，为脱贫攻坚和乡村振兴起到了积极的推动作用。

但是，草莓产业在快速发展过程中仍面临种植技术水平提升和技术普及的问题，本书针对生产中品种更新慢、栽培技术落后、病虫害严重、设施陈旧等问题，主要从草莓生产对环境条件的要求、种苗繁育技术、建园技术、品种介绍、设施栽培技术、草莓水肥一体化技术、病虫草害防治技术等方面对草莓生产进行了详细介绍，为草莓种植人员提供参考资料，希望对草莓从业者在建园、育苗、品种选择、日常生产管理等方面有所帮助。

书中引用了一些专家学者的研究成果，没有在文中一一进行标注，敬请谅解并表示衷心感谢！由于编者水平所限，书中可能出现错误和不足之处，敬请读者批评指正！

编　者

2021 年 8 月

目录

第一章 草莓生产对环境条件的要求

草莓生产应选择生态环境良好，气候适宜，交通方便，远离污染源，排灌便利，并具有可持续生产能力的农业生产区域。其空气质量、灌溉水质量和土壤环境质量必须符合农业部制定的无公害草莓生产的产地环境条件标准——NY 5104—2002《无公害食品　草莓产地环境条件》（表1）。

表1　无公害草莓产地的土壤环境质量要求

项目	含量极限		
	pH值<6.5	pH值6.5~7.5	pH值>7.5
总镉（毫克/千克）≤	0.30	0.30	0.60
总汞（毫克/千克）≤	0.30	0.50	1.00
总砷（毫克/千克）≤	40	30	25
总铅（毫克/千克）≤	250	300	350
总铬（毫克/千克）≤	150	200	250

注：本表所列含量限值适用于阳离子交换量>5厘摩尔/千克的土壤，若≤5厘摩尔/千克，其含量限值为表内数值的半数。（摘自中华人民共和国农业行业标准NY 5104—2002《无公害食品　草莓产地环境条件》）

一、土壤质地

草莓对土壤适应性较强，但是不同品种之间会有明显差异。草莓最适于栽植在有机质丰富、保水保肥能力强、透水通气性良好、质地疏松的壤土或沙壤土地块。地下水位应在1米以下，地下水位较高的地块，必须起高垄栽植。部分草莓品种不适于在盐碱地栽植，但是对土质要求相对较低的品种可以正常生长，这类土壤可以通过多用有机肥等改良措施达到满足绝大多数草莓品种生长的土壤条件。

草莓无公害标准化生产土壤的环境质量应符合表1的规定。

二、土壤酸碱度（pH值）

土壤的pH值在5～8，草莓根系及地上部分生长良好。但草莓最适的土壤pH值为5.5～6.5，pH值小于4或大于8.5时，会出现生长障碍。在酸性土壤中草莓根系表现粗短、弯曲、先端发黑、侧根萌发少等，根系吸收作用受阻。

三、水分

草莓根系要求土壤有充足的水分同时又需要具备良好的通气条件，草莓根系分布浅，叶面蒸腾耗水量大，花序、果实的生长发育也需消耗大量水分。据测定，促成栽培的草莓从秋季定植至次年生产结束，每株草莓的吸水量约为15升。草莓根系对水分的要求很高，耐干旱能力差，在缺水时根系生长受阻，老化加快，吸收能力减弱，严重时干枯死亡。但过多的水分会导致土壤通气性不良，根系呼吸作用及其他生理活力受阻，加速初生根木质化，易感根腐病而死亡。草莓喜湿不耐涝，灌水时，一般小水勤灌，防止病害的发生（图1.1）。

图 1.1　持续降雨引起的草莓根系褐化

草莓不同发育阶段需水状况不同，匍匐茎大量发生期，需水较多，只有充足的水分供应，才能形成大量根系发达的匍匐茎苗；秋季定植苗时，要供应充足的水分，保持土壤湿润；花芽分化期适当减少水分，田间持水量以60%～65%为宜，促进花芽的形成；开花期对水分敏感，要求空气相对湿度40%～60%，空气湿度过高，花药不能裂开；土壤则需保持最大田间持水量的70%～80%；果实发育期需水量最多，果实膨大期应保持最大田间持水量的80%，土壤水分充足时，果实膨大快，有光泽，果汁多；果实接近成熟时，适当控水，保持最大田间持水量的70%为宜，可提高糖度、硬度和着色。无公害草莓产地的灌溉水质量要求见表2。

表2　无公害草莓产地的灌溉水质量要求

项目	浓度极限
pH值	5.5 ~ 8.5
化学需氧量（毫克/升）≤	40
总汞（毫克/升）≤	0.001
总镉（毫克/升）≤	0.005
总砷（毫克/升）≤	0.05
总铅（毫克/升）≤	0.1
铬（Cr^{6+}）（毫克/升）≤	0.1
氟化物（以F^-计）（毫克/升）≤	3.0
氰化物（以CN^-计）（毫克/升）≤	0.5
石油类（毫克/升）≤	0.5
挥发酚（毫克/升）≤	1.0
粪大肠菌群数（个/升）≤	10 000

注：摘自中华人民共和国农业行业标准NY 5104—2002《无公害食品　草莓产地环境条件》。

四、温度

草莓不同器官在不同生长发育阶段，对温度的要求也不同。

1.根系对温度的要求 草莓根系的最适温度是15～20℃，北方保护地栽培时，地温低是主要问题之一。冬季设施内气温高，地温低时，会使根系过早变黑而失去功能。原因是地上部温度较高，蒸腾和呼吸作用都较旺盛，但由于地温较低，根的生长、吸肥、吸水能力相对较差，肥水的供应不足影响了地上部生长，地上部生长较差又反过来影响根系，使根的活力更差。所以，在北方地区，利用高垄或高畦、地膜覆盖、采用滴灌等方法都是提高地温的有效措施。

2.地上部营养生长对温度的要求 叶片进行光合作用的适温为20～25℃，30℃以上，光合作用下降。在育苗季节，若温度高于38℃，草莓生长受到抑制，不发新叶，老叶出现灼伤或焦边。所以，在夏季高温到来之前，尽量让草莓匍匐茎生长到足够的数量，通过一定措施抑制植株生长，减少植株生长量，提高抗高温能力，使草莓安全越夏。植株抽生匍匐茎需在一定温度和一定程度的长日照条件下进行。平均温度低于10℃，日照时间再长，草莓也不发生匍匐茎。当日照8小时以下时，温度再高照样不发生匍匐茎。当日照12小时以上时，随着日照时间增加，匍匐茎发生增多（图1.2～图1.4）。

图 1.2 低温引起的休眠

图 1.3 低温引起的休眠及畸形果

图 1.4 春季高温引起的徒长

3.开花、坐果与温度的关系 草莓在平均气温达10℃以上时即能开花。温室或大棚栽培，早晨花瓣即张开，数小时后，花药开裂。露地栽培，温、湿度适宜时，早晨开花后，花药能马上开裂。晴天气温高、空气干燥，花粉容易传播。授粉、受精的临界温度为11.7℃，适宜温度为13.8～20.6℃。花粉发芽以25～27℃为最好，20℃或35℃时，也能有50%的花粉发芽。花期温度较低，花瓣不能翻转，花药开裂迟缓。低于10℃或高于40℃时，影响授粉、受精，导致畸形果。

北方地区温室栽培，花期注意夜晚保温。中南部温暖地区，塑料大棚栽培，晴朗天气及时通风，避免温度过高影响授粉。

4.果实生长与温度的关系　果实的生长发育与成熟除受品种与栽培方式影响外，也与温度有一定关系。一般情况下，温度低，果实生长期延长，成熟晚，但利于果个增大，果实硬度较好；温度高，成熟快，但果个相对较小，果实软化较快。

5.花芽分化与温度的关系　一季型草莓花芽分化需在低温、短日照条件下进行。花芽分化时，对低温、短日照的需求又是相对的。30℃以上高温不能形成花芽；9℃低温经10天以上即可形成花芽，这时与昼长无关；温度在17～24℃时，只有在8～12小时昼长的条件下，才能形成花芽。

高纬度地区，花芽分化的温度（17～24℃）很早就能满足，可是，因为白昼时间长，花芽迟迟不分化。这时，长日照是限制因素。在低纬度地区，进入秋季后，尽管昼长已满足了花芽分化需要，但是，由于温度高，花芽也不开始分化。此时，高温又成了限制因素。生产上，为了促进花芽提早分化，常采用高寒地假植、低温冷藏、遮光处理等措施。

6.休眠与温度的关系　露地草莓在秋天低温、短日照条件下进入休眠。休眠开始的时间因地区、品种不同而存在差异，一般以植株出现矮化现象作为标志，大约在10月中上旬。当植株满足了一定的低温需求后，在条件适宜的情况下，解除休眠，开始正常的生长发育。

五、光照

1.光照与光合作用 光照充足，草莓叶片光合作用强，植株生长旺盛，叶片颜色深，花芽发育好，能获得较高产量。光照不足时，光合作用弱，植株长势弱，叶柄及花序梗细，叶片卷曲，颜色较淡，花朵小，有的甚至不能开花，果实小，产量低，果实颜色差，成熟期也会延迟。在覆盖条件下，草莓越冬叶片仍可保持绿色，次年春季能进行正常的光合作用。

在一定光照强度的范围内，随着光照强度增加，草莓的光合作用加强。当光照强度再增加，光合作用强度却不随之增加时的光强度，称光饱和点。不同作物的光饱和点不同。草莓的光饱和点为2万~ 3万勒克斯，草莓的光补偿点为5 000 ~ 10 000勒克斯。在二氧化碳浓度不同时光饱和点和光补偿点为极差变化，一般提高二氧化碳浓度，光补偿点降低，而光饱和点升高。草莓是能在光照较弱条件下达到饱和点的作物。从这点来看，草莓适合进行保护地栽培和间作。在保护地内，由于塑料薄膜覆盖的影响，光照强度比露地弱，特别是在冬季，塑料棚内光照强度较低，一般为5 000 ~ 15 000勒克斯，草莓虽然正常生长发育，如能采取补光措施，将光照强度补到25 000勒克斯，不仅能促进花粉发育，而且能提高整个植株的生长发育状况（图1.5）。

图 1.5　弱光照引起的叶片翻卷

秋季定植后进行光照强度处理对草莓营养生长影响显著：50%遮光处理，可以促进植株的营养生长，延迟草莓生育期3～5天，花期缩短2～3天，增加单果重和单株产量。

2.光照与花芽分化　短日照草莓品种，在夏末秋初日照变短、气温变低的条件下才能形成花芽。温度在9℃时花芽分化与日照长短关系不大。在短日照条件下，17～24℃也能进行花芽分化。温度高于30℃或低于5℃时花芽分化停止。长日照草莓品种在17小时长日照条件下比15小时日照能形成更多的花芽，在13小时日照条件下，形成花芽数量很少或根本不形成花芽。还有一类草莓，对日照长短不敏感，在合适的温度条件下都能形成花芽，这类草莓被称为光钝感草莓或日中性草莓（图1.6）。

图 1.6　美国日中性草莓品种的生产

3.光照与花粉发芽率　光照不足，花粉发芽率降低。冬季塑料棚草莓开花期若连续3天晴天，花粉发芽率能达到82.5%；若连续3天阴天，花粉发芽率为62.5%。从上述数字可以看出，光照影响花粉发芽率，但对生产影响不大。

六、气体

无公害草莓生产产地环境空气质量应符合表3的规定。

表3 无公害草莓产地的环境空气质量要求

项目	浓度限值	
	日平均	一小时平均
总悬浮颗粒物（标准状态）/（毫克/立方米）≤	0.30	—
氟化物（标准状态）（微克/立方米）≤	7	20

注：日平均指任何一日的平均浓度；一小时平均指任一小时的平均浓度。

（摘自中华人民共和国农业行业标准NY 5104—2002《无公害食品　草莓产地环境条件》）

二氧化碳是草莓进行光合作用的主要原料。在草莓设施栽培时，二氧化碳浓度显得特别重要。当二氧化碳浓度为0.036%时，光饱和点为2万～3万勒克斯。若将二氧化碳浓度增至0.08%时，即使光强6万勒克斯也达不到光饱和点。清晨大棚内二氧化碳比棚外高出0.15%，棚外大气中二氧化碳浓度约为0.03%，这有利于草莓进行光合作用。棚内的二氧化碳主要是由土壤向外扩散的结果。但白天棚内二氧化碳浓度会明显降低，中午12点左右二氧化碳浓度与棚外大致相同。有研究表明，施用0.037%

的二氧化碳气肥，草莓产量可提高1.5倍左右。因此，大棚草莓补施二氧化碳，可使草莓叶片明显增厚，叶色浓绿，果个增大，成熟期提前，一般可增产15%～20%。

草莓对有害气体很敏感，过多的氮肥及未腐熟的有机肥由于微生物活动积蓄大量的氨态氮，会引起氨气障碍。生产上设施栽培时，发现施氮肥过多，棚内密闭、温度过高时，会发生叶焦灼的肥害症状。大棚草莓及时通风换气，不但有利于棚外二氧化碳流入棚内，而且还能使棚内的有害气体及时排出棚外（图1.7）。

图 1.7　临近工厂氨气造成的危害

第二章 草莓苗繁育技术

目前，国内主流的草莓脱毒体系逐渐向单茎尖脱毒方式转变，单茎尖脱毒体系是指剥离草莓匍匐茎得到的茎尖不经过快繁过程，不在组培室中进行继代培养，而是直接生根后栽培到灭菌基质中进行自然繁育。整个过程避免了因继代过程中使用各类激素导致的变异风险。

脱毒原原种苗：通过茎尖培养获得的不携带病毒且未经过组培增殖的无病毒原始植株。

脱毒原种苗：脱毒原原种苗通过匍匐茎繁殖方式繁育出的无病毒植株。

脱毒种苗：脱毒原种苗通过匍匐茎繁殖方式繁育出的无病毒植株。

一、草莓原种苗的繁育

由原原种繁育原种需要在灭菌基质中进行高架育苗，为防止雨水和昆虫传播病害，需要将其放置在网室中。

1.地块选择 要求地势平整、通风良好、气温凉爽、光照充足、远离草莓生产的地块。最好是海拔1 500米左右的中纬度山区。

2.网室建造　一般建造钢架结构，南北走向，长50 ~ 80米，宽6 ~ 8米，肩高1.8米，脊高4米左右，上部采用10丝（0.1毫米）PO膜并采用可收放的外遮阳，四周覆盖40目的尼龙防虫网并固定，网室根据实际可单栋或连栋（图2.1、图2.2）。

图 2.1　设施育苗

图 2.2　设施育苗构造

3.基质选择及处理　草炭：珍珠岩=3：1混合，常压蒸汽消毒20分钟，育苗容器使用表面消毒剂进行消毒。

4.定植　原原种5月中下旬定植（图2.3）。

5.子苗的扦插　原原种繁育的子苗需要在10月进行穴盘扦插，其中一部分要移栽到温室中进行性状验证，其余在避雨设施中自然休眠越冬（图2.4～图2.6）。

图 2.3　组培苗的定植

图 2.4　匍匐茎生长状态

图 2.5　子苗扦插（1）

图 2.6　子苗扦插（2）

二、草莓种苗的繁育

种苗的繁育有两种模式，一种为高架育苗方式繁育的穴盘苗，另一种为大田方式繁育的裸根苗。种苗的高架育苗方式与原种苗繁育相同；大田育苗需要有单独的区域，不仅要远离草莓主产区，而且还要与生产苗繁育区域分开，同时避免雇佣同一组田间管理人员，作业工具不能交叉使用。

1.地块选择　要求地势较高、水源干净、排灌方便、通风良好、光照充足、远离草莓生产的地块。地块在5年内没有种过草莓、茄子、辣椒、豆角、地黄、瓜类等作物。海拔500～2 000米山区育苗效果更佳。

2.土壤处理　3月下旬浇透水，3天后撒入棉隆进行土壤消毒，20天后揭开薄膜透气，整地（图2.7）。

3.底肥　种苗繁育一般不用无机肥做底肥，可用少量有机肥调节土壤性质。

4.起垄　土壤旋耕后整理成垄高30厘米，宽150厘米，垄沟宽30厘米的育苗床（图2.8）。

图 2.7　土壤消毒

图 2.8　苗床及滴灌

5.定植　不同地区定植时间略有差异，从北到南定植时间依次推迟，以河南地区为例，定植时间一般在5月中下旬，将穴盘原种苗定植在垄中央，株距120厘米，每亩定植300 ~ 400株，栽后及时浇定植水（图2.9）。

图 2.9　种苗定植方式

6.肥水管理　采用滴灌方式浇水。匍匐茎伸出时，喷施50毫克/升浓度的赤霉素1 ~ 3次促进匍匐茎抽生，每亩施氮磷钾三元复合肥10千克，距母株10厘米左右穴施。及时引苗压苗，确保匍匐茎在母苗四周平均分布，8月中旬匍匐茎大量发生时，撒施复合肥10千克，8月下旬根据繁殖数量使用0.2%的氮磷钾水溶肥进行叶面喷施，促进子苗生长，同时抑制子苗的花芽分化，确保9月底苗床能够长满。

7.假植　10月中旬，选择3片叶以上的子苗就地假植，株距10厘米，行距10厘米。假植后立即喷灌浇水。栽植10天后叶面喷施1次0.2%尿素溶液，12月初子苗自然休眠后覆盖0.6丝白色地膜，2月初揭开地膜。没有生根的子苗清洗后扦插在穴盘内，并放在连栋温室保温促进生根，生长2片新叶后调节设施温度，促进休眠（图2.10）。

8.适龄脱毒苗出圃　苗成龄叶4片以上，根茎发达，新芽饱满，无机械损伤，无病虫害，无新叶或1片新叶时即可移栽到生产苗繁育田（图2.11）。

图 2.10　种苗的假植

图 2.11　种苗根系

三、草莓生产苗繁育技术

优质草莓生产苗的标准是植株矮壮、根系发达、叶片浓绿无病斑。繁育优质壮苗需要建立专用草莓育苗圃，便于培育高质量的适龄壮苗，也便于集中管理，省工省肥省水，同时减少病虫传播机会，便于实现专业化、标准化生产，优质成苗率高。

通过草莓匍匐茎繁殖子苗的方法是生产上主要的繁殖方法，近些年来，日本和荷兰开始利用种子繁殖法进行生产苗的繁育，种子繁殖法是通过两个纯合亲本杂交产生的种子进行繁育，由于种子不带任何病菌，所以通过这种方法繁育的生产苗具有长势旺、产量高、病害少的优点。目前限制种子繁殖方法推广的主要因素是种子生产工序烦琐，种子催芽需要在专门设施内进行以及知识产权保护等问题。

1.母苗选择 选择品种纯正、无病虫害、休眠或者刚开始生长的脱毒种苗作为繁育生产用苗的母株。脱毒苗成活率高、缓苗快，匍匐茎抽生能力强，植株健壮，子苗的产量高。生产上有些种植者采用结过果的植株在原有生产田直接或移栽后进行繁苗，造成幼苗瘦弱、植株矮小、种性退化，病虫为害较重。

2.土壤整理 草莓生产苗的繁育需要建立专用育苗圃，其优点是：育苗与生产分开，因母株现蕾后摘除全部花蕾，使其不结果，可集中养分培育壮苗；母株在育苗圃中稀栽，为匍匐茎抽生和幼苗生长提供了良好的营养面积和光照条件，育出的草莓苗健壮。

苗圃应选在远离草莓生产区、地势平坦、土质疏松、有机质丰富、排灌方便、光照充足、未种过草莓的新茬地块上，注意前茬作物应未使用过对草莓有害的除草剂，前茬种过烟草、马铃薯、地黄、辣椒、豆角、番茄等与草莓有共同病害的作物也不宜作育苗圃。苗圃选好后，秋季每亩施牛粪5～10吨，旋耕促进腐熟。春季3月初开始整地，50%辛硫磷乳油0.5千克或40%毒死蜱乳油0.5千克拌细土撒入以防地下病虫害，耕匀耙细后做成宽1.2～1.8米，高30厘米的苗床，畦埂要直，畦面中间高两边低，便于雨季排水（图2.12～图2.14）。

图 2.12　除草剂氟乐灵引起的黄化

图 2.13　莠去津残留引起的黄化

图 2.14　重茬地育苗

3.母苗定植

（1）定植时间：春季日平均气温达到10℃以上时定植母株，我国不同地域差异较大，郑州地区一般为3月初开始到3月底，4月定植母苗缓苗时间会显著增加，夏季高温之前苗床不能长满，会影响子苗安全越夏，秋季成苗质量下降。

（2）定植方式：母苗的定植有三种方式，即单侧定植、两侧定植及中间定植。

1）单侧定植：苗床宽度小于1米，母苗定植在苗床一侧，株距40厘米，母苗弓背朝内，匍匐茎生长时朝苗床一侧进行均匀整理，适用于匍匐茎分枝能力较强的品种，每亩需母苗500～700株，可产成苗4万株以上。由于母苗较少，子苗的生长空间比较充足，秋季成苗质量相对较好。

2）两侧定植：苗床宽度1.2～1.5米，母苗定植在苗床两侧，株距60～80厘米，匍匐茎生长时朝苗床内侧对向均匀整理，每亩定植母苗约1 000株，可产成苗4万～5万株，子苗质量整齐度较好。

3）中间定植：畦宽1.5～2.0米，将母株单行定植在畦中间，株距30～50厘米。每亩需母株700～1 200株，可产草莓苗3万～4万株。匍匐茎抽生时需要进行牵引，将子苗固定到距离母苗定植行约10厘米位置，子苗间距8～10厘米。子苗长满苗床前需要将母苗全部拔除（图2.15～图2.17）。

图 2.15　单侧定植

图 2.16　两侧定植

图 2.17　中间定植

4.苗期管理

（1）土肥水管理：母株成活后，适当减少浇水可以降低早期病害发生率，采用滴灌给定植行单独浇水可有效减少苗床杂草数量。苗地土壤肥沃，空间也大，极易生杂草，因此需多次反复除草，结合除草松土保墒。春季定植后可以在行间铺黑地膜防治杂草，随着草莓匍匐茎的生长卷起地膜，苗床长满后可以使用精喹禾灵或高效氟吡甲禾灵防治禾本科杂草。在匍匐茎大量发生季节（一般5月下旬至6月中旬），每亩撒施45%硫酸钾复合肥10～15千克。8月上旬追施磷钾肥及微量元素肥，不再施用氮肥，培育壮苗，利于花芽分化。8月中旬以后停止施肥。草莓喜湿不耐涝，也不耐旱，因此暴雨过后需及时排水，以防土壤积水。当土壤水分含量低于田间持水量的75%时（即用力握土不成团时）需及时浇水，以保持土壤湿润，利于匍匐茎苗扎根生长和母株苗多发匍匐茎，防止根系发黑，铺设滴灌、喷灌育苗效果更好。

（2）植株管理：种苗在秋季假植可有效减少春季花序数量，春季定植成活后，母株的花序要及时摘除，摘除得越早越彻底，越有利于节约营养和匍匐茎的发生。有些草莓品种抽生匍匐茎少，为促使早抽生、多抽生匍匐茎，可在母株成活后喷施1次赤霉素（GA_3），浓度为50毫克/升；也可于5月初、5月中旬、5月下旬各喷1次50毫克/升的赤霉素，每株5毫升，可促进母株多发匍匐茎，喷施次数应根据苗情掌握。育苗时需及时摘去老叶、病叶，以减少营养消耗和病虫为害。5月中旬母苗的植株外观性状充分显现，此时对苗圃的杂苗、病苗进行一次彻底清理可有效提高后期成苗质量。匍匐茎大量发生时，使用压蔓叉对匍匐茎进行牵引，以防其交叉或重叠，有利于子苗扎根和生长，出现无根苗时，应及时重新培土。当每亩苗数在3万株左右时，可将母苗清理掉，使子苗独立生长。经常摘除老叶、病叶，以每株苗留3～4叶为宜，到8月20日止。并采取“控氮施磷钾，降温促分化”措施，喷施叶面肥，促进花芽分化。

控制密度，促进老熟。田间子苗繁育至目标数量时，要及时喷施植物生长抑制剂，控制秧苗长势，促使秧苗矮壮老熟，增强植株抗病能力。药剂可选用75%肟菌·戊唑醇水分散粒剂3 000倍液，或43%戊唑醇悬浮剂1 000倍液，5%调环酸钙1 000倍液，或12.5%烯唑醇2 000倍液，或25%多效唑粉剂1 200倍液，或20%三唑酮1 000倍液等，每隔7天叶面喷施一次，连续喷2～3次。最终使植株高度控制在15厘米以下，叶片颜色浓绿，叶柄斜向上或横向生长。叶片嫩绿、叶柄朝上生长说明控制程度不够，应加大剂量（图2.18～图2.20）。

图 2.18　生产苗的长势控制（1）

图 2.19　生产苗的长势控制（2）

图 2.20　生产苗的徒长

5.草莓苗出圃与运输 草莓秋季生产苗定植一般从8月20日开始，当大部分子苗长出4～5片复叶，符合生产要求的壮苗标准时，可根据生产需要出圃定植。起苗前2天浇一次水，使土壤保持湿润状态，起苗深度不少于15厘米，保持根系完整，避免伤根。首先进行挑选，整理去掉老叶及匍匐茎，50株或100株捆成一捆，把苗并排竖放或栽在提前搭好的遮阳棚内，苗上盖遮阳网，等苗起够之后转移到冷库预冷6小时以上，然后装入低温冷藏车运输或空运，也可加冰直接运输，不加冰直接堆积运输时间不能超过2小时，否则会严重烧苗（图2.21、图2.22）。

图 2.21 生产苗成苗（1）

图 2.22 生产苗成苗（2）

第三章 草莓容器苗育苗技术

草莓生产中，常用的容器苗主要是穴盘苗、营养钵苗和槽苗，利用容器育苗能有效减少种苗苗期病害，缩短缓苗时间，提高移栽成活率；既可以形成壮苗，花芽分化整齐，又可以促使草莓果实较露地常规育苗生产提前上市。

一、引插育苗

1.棚室准备 草莓容器育苗要求塑料大棚通风、透光，棚外整洁无杂草。大棚四周应挖排水沟，防止夏季大雨灌入棚内，对草莓种苗的生长造成不良影响。棚型采用连栋大棚或者单栋大棚，使用连栋大棚时肩高需要大于2.5米，顶高大于等于5米，以便通风降温，采用单栋大棚时，棚间距1.5米以上。

（1）覆盖棚膜：棚膜可采用聚乙烯膜，一个棚室覆盖4块棚膜，顶部由两片压接而成，设顶风口，注意顶风口在闭合时，要严格达到避雨的要求。棚膜要绷紧，顶风口加防虫网，否则会造成棚膜局部积水。

（2）处理地面：压实整个棚室的地面，并覆盖防草布，条件允许的最好铺设渗水砖。也可以使用高架或苗床架，使用苗床架最好先铺上无纺布，再铺一层草炭土，保水效果较好。

2.育苗槽（钵）准备　草莓母株栽培在育苗槽、营养钵或花盆中。育苗槽内径长60厘米、宽18厘米、高18厘米，营养钵或花盆内径在21厘米以上。子苗用32穴盘或育苗槽盛接（图3.1、图3.2）。

图 3.1　种植槽引插育苗

图 3.2　花盆繁育高架苗

（1）育苗基质的配比与分装：育苗基质可采用草莓专用育苗基质，也可以按草炭：椰糠：珍珠岩为2：2：1的体积比进行配制。基质准备好后，分装在育苗槽（钵）中，要求尽量压紧实，基质的上表面距离槽（钵）边缘1厘米左右。

（2）育苗槽（钵）的摆放：育苗槽（钵）装好基质后，南北向摆放在塑料大棚中。为管理方便，母株育苗槽（钵）或花盆南北成行摆放。育苗槽连续摆放，不留空隙。母株营养钵或花盆间隔（中心距离）30厘米摆放。子苗营养钵摆放在母株育苗槽、营养钵或花盆的两侧，每侧排列4行。第1行子苗营养钵距离母株育苗槽（钵）25～30厘米（中心间距），子苗营养钵行间距（营养钵中心距离）20厘米。接子苗的容器也可采用32穴的林木穴盘。母株采用滴灌浇水，滴灌带放在靠近草莓母株根茎部的位置。子苗可采用滴灌浇水，滴灌带摆放方式同母株，也可采用喷灌或人工浇灌。母株用滴灌带出水口间距30厘米，子苗用滴灌带出水口间距10厘米（图3.3、图3.4）。

图 3.3 育苗钵的摆放（1）

图 3.4 育苗钵的摆放（2）

3.种苗（母株）选择 繁育种苗，应选用健壮、根系发达、有4～5片叶的脱毒原种苗作母株。

4.定植母株

（1）定植时间：在郑州地区，塑料大棚草莓母株定植的适宜时期为4月底至5月初，定植时间较大田育苗晚1个月左右为宜，避免子苗过早生根老化。

（2）定植要求：每个育苗槽内栽植2行母株，株距30厘米。若使用营养钵或花盆，每个营养钵或花盆栽植1株，栽植在钵（盆）的中央。母株定植时要把握“深不埋心、浅不露根”的原则。定植后浇足定植水（图3.5、图3.6）。

图 3.5　母苗的定植（1）

图 3.6　母苗的定植（2）

5.田间管理

（1）温度管理：母株定植后大棚风口除大风及下雨天气外全程打开，进入6月后，光照增强，温度升高，棚室覆盖遮阳网（遮阳率70%）进行遮阳降温。白天打开通风机，促进棚室内空气循环。

（2）肥料管理：母株生长2 ~ 3片新叶后，每20 ~ 30天施用一次三元复合肥（氮：磷：钾为15：15：15），每株5克，撒施在母株周围的基质上，穴施亦可。

子苗切离后，追施三元复合肥，每7天追1次，每次每株2 ~ 3克，共追2次。8月后，每周叶面喷施1次0.3%磷酸二氢钾。

（3）植株管理：整个种苗繁育过程中，及时摘除老叶和病叶，以便通风透光，减少病虫害的发生。子苗保留4 ~ 5片叶。及时去除花蕾，减少养分消耗。及时摘除细弱匍匐茎及侧芽，留一个主茎，每个母株选留6 ~ 8条健壮匍匐茎。匍匐茎上子苗前期自然生长，7月初进行压苗，匍匐茎引压在母株的两侧。使用专用育苗卡，卡在靠近子苗的匍匐茎端，将子苗固定在穴盘中，注意压苗不要过紧、过深，以免造成伤害。从母株匍匐茎长出的子苗为一级子苗，从一级子苗的匍匐茎长出的子苗为二级子苗，以此类推。一级子苗压在第1行子苗营养钵中，二级子苗压在第2行子苗营养钵中，三级子苗压在第3行子苗营养钵中，四级子苗压在第4行子苗营养钵中。

子苗扦插15 ~ 20天后根系即可满足移栽条件，7月下旬进行子苗切离，即剪断子苗与母株以及子苗与子苗间的匍匐茎。在靠近子苗的一端留3 ~ 4厘米匍匐茎。视子苗生长情况，可一次性全部切离，也可先切离母株和一级匍匐茎，2 ~ 3天后再切离二级匍匐茎，以此类推（图3.7 ~ 图3.10）。

图 3.7　穴盘引插

图 3.8　营养钵引插育苗

图 3.9　引插成苗（1）

图 3.10　引插成苗（2）

二、草莓高架扦插育苗技术

为了有效解决土壤盐碱化、病原菌多、雨季病害严重的问题，高架育苗技术应运而生，在降低生产管理强度的同时，可大大提高草莓的繁殖系数和草莓种苗质量。

1.高架无土育苗设施

（1）棚室准备：用塑料大棚或连栋温室，要求大棚通风、透光；棚外整洁无杂草。大棚四周应挖排水沟，防止夏季大雨灌入棚内，对草莓种苗的生长造成不良影响。一部分用来建设栽培架栽培母株，一部分用来做苗床扦插子苗。

（2）育苗设施：包括母株栽培系统、水肥灌溉系统和育苗棚。

母株栽培系统包括栽培架、栽培盆、栽培基质。栽培架高1.5米、宽0.2米，由镀锌钢管焊接而成。栽培盆为长60厘米、宽35厘米、高20厘米的耐老化塑料盆，盆底部有孔状透水孔；也可以在栽培架上安装耐老化无纺布，形成一个

“U”形的栽培槽，在槽内填放基质。栽培基质装九成满；栽培基质为泥炭：珍珠岩等于3：1的混合基质，1立方米基质加入1.5千克缓释肥。母株栽培架在大棚内南北方向摆放，两排栽培架之间的距离为0.8米（图3.11～图3.13）。

图3.11　种植槽引插育苗

图3.12　高架苗设施

图3.13　U形槽繁育高架苗

肥水管理系统采用水肥一体化灌溉控制系统进行水肥和养分管理，每棵母株有2个滴灌箭头负责滴灌供水和补给营养液，营养液配方为山崎草莓配方。滴灌系统于母株定植结束后覆盖地膜前插入到基质中。用栽培槽定植母株，可采用滴灌带，使用方便且价格低廉。

育苗棚内安装喷灌系统，喷头分布要均匀，使用时无盲区。整平压实棚室的地面，并覆盖黑色透水地布作为苗床，或者使用专业育苗床。

2.植株管理

（1）母株定植：母株选用具有2～3片完全叶的健壮穴盘苗，3月初每个栽培盆定植6株母株(盆两边各3株)；若用栽培槽定植母株，双行定植，株距20厘米，定植时母株弓背向外侧。定植后及时浇水。

（2）母株管理：定植约15天，母株萌发新根后，在栽培槽中间开穴追施复合肥，4棵草莓间追肥40克。匍匐茎发生初期，用氨基酸叶面肥喷施母株，10天1次。及时清理老叶、花序及侧芽，母苗只留主茎，匍匐茎长度20厘米以上时整理到高架外侧，防止子苗扎根（图3.14）。

图 3.14　匍匐茎的整理

（3）长势控制：设施育苗由于通风较差，导致内部温度高，同时光照相对较弱，极易引起植株的徒长，母苗徒长会导致叶片数量少，叶柄长，叶片大而薄，易感染白粉病，植株老化加快，匍匐茎细弱，数量少；匍匐茎徒长主要体现在节间过长和一级子苗死亡，次级子苗长势受限，底层由于光照不足容易发生病虫害，最终影响繁殖数量。

根据环境不同主要有两种控制长势的方法。

1）高海拔或纬度较高的区域可以充分利用环境温度进行控制，通过加大通风量，增加昼夜温差的方式来延缓植株生长，达到控制长势的目的。

2）环境温度较高的区域可以利用三唑类药物进行长势控制，如苯醚甲环唑、戊唑醇、调环酸钙等。不同的环境及品种药物浓度不同，例如，在相同浓度的抑制剂处理下，宁玉匍匐茎数量不会受到影响，匍匐茎节间缩短，子苗正常生长；但是红颜的匍匐茎数量会明显减少，子苗生长受限，多数仅生长到二级子苗。子苗收获前20天可用高浓度抑制剂进行处理，减少匍匐茎伸长并促进子苗发育成形（图3.15 ~ 图3.18）。

（4）主要病虫害：高架无土育苗主要病害是白粉病，一般4月初暴发，与母苗的生长状态密切相关，长势旺盛、徒长明显的母苗和匍匐茎更容易暴发白粉病，合理控制温度及长势可以有效预防白粉病。

春季害虫主要是蚜虫和蓟马，夏季容易发生青虫为害，及时清理园区内杂草，并加装防虫网可以有效预防虫害发生。

图 3.15　母苗的徒长

图 3.16　匍匐茎的徒长

图 3.17　宁玉通过合理抑制正常生长的匍匐茎

图 3.18　红颜抑制剂处理后匍匐茎数量减少并停止发育

3.子苗移栽与管理

（1）移栽基质配制：栽培基质为草炭：珍珠岩等于3：1的混合基质，1立方米基质拌入3克噁霉灵。在移栽前将混合基质用水充分浇湿，达到饱和状态。

（2）子苗剪取：7月初，当每条匍匐茎繁苗数达到4级以上，80%子苗达到3叶1心时，便可从母株基部将匍匐茎连同子苗一次性全部剪下（图3.19）。

图 3.19　子苗的剪取

（3）子苗扦插：扦插前，将子苗已展开叶修剪去掉，仅保留1叶1心。用70%甲基托布津可湿性粉剂1 500倍液浸泡10分钟取出控干，低温条件下放置12小时再将子苗扦插到穴盘等容器中，边扦插边浇定根水，扦插后用70%遮阳网遮光7天（图3.20、图3.21）。

（4）扦插后管理：扦插约1周后，用0.1%磷酸二氢钾和氨基酸800倍液浇施，以后每间隔1周浇施1次，不施用氮肥。子苗长出2片叶后去除压苗卡。

育苗期间注意通风降温，尽可能降低棚内湿度，夏天注意雷雨大风天气及时关闭大棚。拱棚内白天保持20～30℃，夜间15～20℃。随外界温度的升高，逐步加大通风量。

图 3.20 子苗的扦插（1）

图 3.21 子苗的扦插（2）

草莓穴盘苗扦插成活后，根据穴盘苗长势决定施肥的种类和数量，通常采用叶面喷肥或浇灌施肥的方法进行施肥，提倡薄肥勤施，切忌过量施肥造成穴盘苗徒长。

（5）病虫害防治见第八章。

（6）出圃：当种苗达到3叶1心，根系、植株健壮，无检疫性病害，即为合格成苗。根据不同地区草莓穴盘苗的用途，适期出圃。

可以将草莓种苗连同穴盘一起运输，也可将穴盘苗从穴盘中取出后装箱运输。装箱时要将各个品种严格区分，分别包装挂牌，避免混杂（图3.22 ~ 图3.24）。

图 3.22　穴盘扦插成苗

图 3.23　穴盘成苗（1）

图 3.24　穴盘成苗（2）

三、促进草莓花芽分化的措施

草莓花芽分化的时间早晚、数量多少和质量好坏是影响草莓产量的重要因素，因此，研究影响草莓花芽分化的各种因素，对采取相应措施进行花期调控，提高草莓的前期产量以及改善品质具有重要的意义。

花芽分化温度和光照条件：日平均温度大于24℃时，无论日照长短，花芽不分化；日平均温度17～24℃时，草莓开始花芽分化，短日照对花芽分化有所促进；日平均温度10℃时，无论日照长短，只要持续10天，开始花芽分化；日平均温度小于5℃，植株生长受到抑制，花芽分化暂停。在实际生产中，当日平均气温小于20℃，日照短于12小时，草莓由营养生长转到生殖生长，花芽开始分化。

各地的气候及纬度差异，草莓花芽开始分化的日期从南向北依次推迟，北方早，南方迟。在东北地区，花芽分化大致于8月下旬就已开始，华北地区9月中下旬开始，长江下游地区在9月下旬开始。郑州地区一般在9月中旬前后进入花芽分化期，持续时间约1个月。由于每年的天气情况不同，因此花芽分化始期各年也有差异。

花芽分化与植株本身生长的健壮程度、日照长度、温度、营养水平、苗龄、生长调节剂等都有关系。要促进草莓花芽分化，提高花芽分化质量，就要采取相应的技术措施。

植株生长健壮，花芽分化早，花就多，植株生长过旺和衰弱，都不利于花芽分化。因此，要保证植株正常生长，苗期氮素不可施得过多，避免植株生长过于旺盛。及时拔除繁苗母株，防止苗田秧苗过密，促进通风透光。掰掉老叶病叶，摘除过多的匍匐茎，每亩繁苗数量控制在4万株以内，苗子过高可用抑制剂进行控制，待新叶长出后去除老叶。药剂可选用拿敌稳、烯唑醇、三唑酮、苯醚甲环唑等，每隔10～15天叶面喷雾一次，喷1～2次。

花芽分化需要短日照和适当冷凉气候，采取人工黑暗（遮光）的方法，缩短每天的日照时间，达到促进草莓花芽分化的目的或者在草莓休眠以前进行适度保温以延长花芽分化时间。用遮阳网、黑白双色薄膜把育苗畦遮盖起来，减少日照，降低温度，促进花芽分化，遮盖时间自8月下旬开始至9月上旬。遮光不利于秧苗生长，一旦花芽分化，就应立即撤去遮阳网、薄膜，促进秧苗健壮生长。

在南方，进入秋季以后气温仍然较高，限制草莓开始花芽分化的气象因子主要是空气温度，所以设法降低草莓的环境温度，如进行草莓的夜冷育苗、草莓的高山育苗等，可以使草莓提早开始花芽分化。

植株体内营养条件影响花芽分化，在花芽分化前期，如果氮素吸收过多，不利于花芽分化。因此在花芽分化前期要控制植株营养生长，8月上旬要停止施用含氮素的肥料，补肥可叶面喷施0.2%磷酸二氢钾；8月中旬以后停止施肥。同时可采用断根处理、假植育苗等方式减少氮素吸收。断根引起植株体内氮素水平的降低，明显增大植株体内的碳氮比，有利于抑制营养生长而促进成花，并使花芽分化整齐。一般于8月下旬定植前

10天左右，用小铲刀在距离植株5厘米处的四周向土内切下10厘米深，控制根系对氮素的吸收。假植育苗可挑选苗龄一致的子苗，使花芽分化同步，同时通过移栽达到断根处理的效果，减少氮素吸收，促进草莓花芽形成，可在定植前35天左右进行。

磷可以为细胞分裂素形成提供能量，同时可以抑制苗子的顶端优势，促进草莓苗横向生长，对花芽分化具有促进作用；钙离子提高了草莓植株对短日照、低温的敏感性，从而提早成花。

此外，水分对草莓的花芽分化和开花也有影响。控制水分能促进草莓花芽分化，适度干旱可使草莓植株减少对氮素的吸收，有助于光合产物的积累，促进淀粉含量的增加，提高碳氮比和细胞液浓度，因而有利于花芽分化。

生长调节剂对花芽分化也有影响。赤霉素对花芽分化起抑制作用，在自然短日照条件下处理，浓度愈高，花芽分化愈少，50毫克/升以上浓度处理，花芽不分化。

在草莓植株上施用一些化学合成物质，可起到促进花芽分化的作用。抑芽丹（MH-30）等会使草莓生长素含量降低，促进花芽分化；脱落酸（S-诱抗素）对草莓花芽分化有诱导作用；细胞分裂素（苄氨基嘌呤等）对草莓花芽分化有促进作用；生长延缓剂（多效唑、烯效唑等）在苗期喷布，能促进花芽形成。

摘除老叶也可促进花芽分化，老叶中含有较多抑制花芽的物质，摘除后减少了抑制物质的含量，草莓秧苗一般从顶部往下数第6片叶以上即开始衰老，可摘除。

第四章 草莓建园技术

草莓有不同的栽培方式，一般分为露地栽培和设施栽培两大类。我国草莓设施栽培的主要类型有：日光温室促成栽培、塑料大棚促成栽培、塑料大棚半促成栽培及塑料拱棚早熟栽培。促成栽培是指利用日光温室或大棚设施在冬季保温，不让植株进入休眠，在冬季也正常发育，使草莓提早开花结果的栽培技术。半促成栽培是指让草莓植株在秋冬自然条件下满足它的低温需求量，基本上通过了自发休眠，但休眠还未完全苏醒前，进行保温或加温，人为打破休眠之后，促进植株生长和开花结果，使果实能在1～4月采收上市的栽培方式。另外还有冷藏延迟栽培，就是把已经进行花芽分化并通过自然休眠的壮苗，放在低温条件下冷藏起来，使其继续被迫休眠，在适当的时候解除低温，进行定植，在自然条件下开花结果。上述几种栽培方式组合在一起，便可达到周年供应草莓鲜果。

一、设施栽培草莓园的建立

草莓耐弱光能力强，既适合露地栽培，也适合设施栽培。设施栽植草莓可使果实成熟期大大提前，既有利于果实提早上市，又有利于增加果农经济收入。目前长江以北地区设施栽培逐渐成为主要的栽培模式。

1.草莓园环境选择 草莓园一般宜选择质地较好的壤土和沙壤土，地下水位在1米以下，土壤的pH值为5.5 ~ 8.0。以前茬作物种植豆科作物、小麦、玉米、水稻的地块为主。由于马铃薯、茄子、番茄、甜菜等作物与草莓有共同病害，不宜选择作前茬作物。

2.园区规划 保护地草莓栽培的园地，一般选择光照良好、土地平坦、交通方便、土壤肥沃、有良好排灌条件的田块。规划出道路、小区、生产和仓储用房，每小区30 ~ 40亩为宜。道路边需有排水沟，多雨地区注意围沟（宽1米、深1米）、腰沟（宽80厘米、深80厘米）和条沟（宽40厘米、深60厘米）相通，以利雨水及时排出（图4.1、图4.2）。

图 4.1 采摘园区规划（1）

图 4.2 采摘园区规划（2）

3.棚室选择

（1）日光温室：日光温室目前应用较多的有土墙钢结构温室、砖墙钢结构温室、无墙体日光温室和双侧卷帘日光温室。无墙体日光温室是近年来研发的新型日光温室，后墙用异型钢管连接，后墙覆盖棉被和塑料薄膜，具有投资小、土地利用率高、拆建方便的优点，值得大力推广。

温室南侧底脚至北墙根的距离为跨度，跨度大，土地利用率高，但坚固性较差，一般以9～12米为宜，温室高度（温室屋脊至地面垂直距离）根据所处纬度不同而有所变化，以4.0～5.5米为宜。温室长度可根据地形来确定，一般80米左右较为合适，每个温室的有效面积最好能达到800～1 000平方米。为了保证良好的栽培效果，温室应坐北朝南。采光屋面要有一定的角度，使采光屋面与太阳光线所构成的入射角尽量最小，由于太阳位置有冬季偏低、春季升高的特点，在温室的前沿底角附近，角度应保持在60～80度。安装卷帘机，覆盖保温被或草帘保温。将温室内表层土壤向下挖20厘米，余土平铺于温室前后，可以获得更好的保温效果（图4.3～图4.5）。

图 4.3　日光温室种植草莓（1）

图 4.4 日光温室种植草莓（2）

图 4.5 日光温室种植草莓（3）

（2）钢管大棚：为使棚内光照分布均匀，大棚一般南北走向（即南北延伸），骨架为三层拱架。大棚的骨架材料可用钢管、金属结构或其他复合材料。棚面设计成拱形，接近地面处增大棚面与地平面夹角（以70 ~ 90度为宜），构成“肩”，“肩”的高度为1.2 ~ 1.6米，这样可以充分利用棚内空间。棚跨度（即棚宽）8 ~ 12米，脊高4.0 ~ 5.0米，南北长度80米左右。

棚间距设置要考虑到遮阴、通风、除雪、作业方便和提高土地利用率等因素，一般东西相邻两棚间隔1.5 ~ 2.0米。

采用长寿流滴膜、消雾膜、PO膜等薄膜覆盖，采用三层膜覆盖，一般大膜采用厚度8丝或10丝，二膜采用8丝，三膜采用6丝。（图4.6 ~图 4.11）

图 4.6 钢管大棚种植草莓（1）

图 4.7 钢管大棚种植草莓（2）

图 4.8　钢管大棚种植草莓（3）

图 4.9　连栋温室种植草莓

图 4.10　连栋温室无土栽培（1）

图 4.11　连栋温室无土栽培（2）

4.灌溉设施　草莓园区需要有独立的供水设施，除部分污染较少的山区以外一般不建议采用河水或池塘水源进行灌溉，以避免病害传播。采用地下水灌溉时应避开污染水层，深度60米以上为宜。可采用无塔供水设施进行稳压，主要有储水罐式和变频稳压器两种，园区条件允许的建议采用变频稳压器，避免储水罐式供水系统由于冬季水温过低影响草莓根系活性。园区水质较差或EC值（EC值为溶液中可溶性盐浓度）较高的情况下需要加装净水装置（图4.12）。

5.品种选择　草莓种植园在进行品种选择时，除了需要考虑品种的适应性、丰产性和耐贮运等因素外，还需要考虑当地主流品种的流行病学情况，如果病害较重，则需要考虑更换抗

图 4.12　纯净水处理设备

病品种。比较适合种植园种植的品种有红颜、甜查理、宁玉、香野等冬季耐贮运性好或品质上佳的品种。目前由于甜查理主产区大都遭受传染性病害的侵害，以批发为主的草莓种植业受到极大的挑战，更换抗病品种是近些年的主要策略。

二、草莓观光采摘园的建立

随着我国经济的高速发展，人们的物质文化生活水平的快速提高，在都市型现代农业的推动下，为适应市民观光休闲需求，城市郊区的草莓采摘业蓬勃发展，草莓市场供应总量也大幅提高。采摘是具有鲜明都市特色的草莓消费方式，吸引市民的不仅仅是诱人的草莓果，还有消费时整体氛围的体验，包括视觉、听觉和嗅觉等。草莓自采集观光、休闲、旅游于一体，单位价格往往是商超售价的2 ~ 4倍，采摘使单纯的农产品变成了旅游产品，草莓的价格也大大高于市场售价。

1.园址选择与规模　优越的区位条件是采摘园提高市场竞争力的重要因素。交通要方便，最好在城市近郊、旅游景点附近、靠近国道或省道等客流量大的地方，且附近没有其他草莓种植者的位置更好，大、中、小型城市甚至乡镇都有市场需求。草莓适应性较强，但要获得优质高产果品，必须选择地面平整、阳光充足、土壤肥沃、排灌方便的田块。草莓采摘园的规模可大可小，农户可根据城市的大小、当地采摘园的数量和自身实力来确定，小型采摘园3～5亩，大型混合采摘园10～30亩均可。单个采摘园面积不宜过大，否则建园成本及日常管理维护难度会成倍增加。建园时规划好采摘路线，做好道路硬化和园区美化避免扬尘出现，在入口附近建设停车场（图4.13）。

图 4.13　采摘园大门

2.品种选择　草莓采摘园在进行品种选择时，除要考虑品种的适应性、丰产性和品质等常规因素外，还需考虑以下两点：第一，由于草莓采摘园的大多数顾客都是市民和旅游者，因此草莓的成熟期应尽量与节假日和旅游旺季相同，这样顾客才可能较多；第二，一个采摘园至少应配置2 ~ 3个成熟期、口感不同的品种，满足不同的消费需求。目前比较适合采摘园种植的品种有红颜、章姬、宁玉、甘露、香野、久香等。

3.管理

（1）生产管理：一个栽培面积为20亩的草莓采摘园，需要1个技术员和5个左右长期工人，在定植等农忙季节根据情况适当增加临时工，技术员负责整个园区的日常管理和技术指导，指挥工人进行规范化生产。每个工人负责4个左右大棚的生产工作，负责的大棚长期固定，生产期间工人统分结合，有需要集体协作的工作就集体行动，平时自己负责自己的大棚。订立园区生产管理制度、安全生产制度、奖惩制度等，并严格执行，保证生产的顺利进行。

（2）采摘管理：设立游客接待处，安排一个负责人，负责来客接待和收银。游客进园后由接待处负责人通知工人领游客进棚采摘，接待处负责人要及时安排游客进棚采摘，合理疏导客流，避免游客等待时间过长、部分大棚人员过多或过少。采摘结束后工人领游客到接待处包装、过秤、装箱，接待处打印三联单或做好记录，方便统计产量和对工人进行奖励，由接待处收银。

（3）包装：草莓采摘需要有硬质包装，采摘后不宜更换包装，多采用带提手的塑料筐、0.5千克装的塑料盒、2千克装的泡沫盒等。做礼品盒出售时需要定制专门的礼品盒，包装精美，易于运输（图4.14 ~ 图4.18）。

图 4.14　包装盒（1）

图 4.15　包装盒（2）

图 4.16　包装盒（3）

图 4.17　包装盒（4）

图 4.18　包装盒（5）

第五章 草莓优良品种

一、草莓品种选择的要求

草莓品种多样，每个品种都具有一定的栽培性状，有各自的遗传基础，只有在合适的条件下才能表现出优良性状，获得最大效益。草莓品种的选择除了考虑品种优质高产、抗病性强等要求外，还应注意以下几点：

1.市场定位 从目前的市场来看，主要有两类鲜食草莓产品，一类是风味甜、糖度高、酸度低、有香味的草莓品种（主要是日本品种和我国部分自育品种）；另一类是果个大、耐贮运、着色好、风味酸甜的草莓品种（主要是欧美品种）。在我国这两类草莓都有大面积的生产栽培。除鲜食品种以外还有专供加工、速冻的品种和用于制汁、制酱、制酒的品种，选择加工品种时，要注意果肉色泽深、汁液丰富、糖酸含量高的品种，如达赛莱克特、全明星、哈尼等；用于速冻的品种，宜选择果个较小、大小一致、颜色鲜艳、着色均匀、韧性较好的品种，如森加森加拉、哈尼、全明星等；在以鲜食为主时，应重点考虑果实的风味和果实大小。就近销售的，应把品质放在第一位，远距离销售要考虑硬度、果形、果个大小、色泽等问题。夏秋草莓生产时，应选择日中性品种（图5.1）。

图 5.1　不同品种草莓果实

2.栽培方式　在设施栽培中，采用早熟促成栽培时，应选择休眠浅的品种，如宁玉、红颜、章姬、甘露、香野、甜查理等；半促成栽培一般选择休眠较浅、中等或较深品种，如达赛莱克特、甜查理等。有些休眠中等的品种既可露地栽培，也可保护地半促成栽培。如果栽培方式定下来了而品种选择不当，会出现因需冷量过多而营养生长过旺、开花结果少的现象，或者因品种的需冷量不足，植株矮小、茎叶生长少、花果小等现象（图5.2、图5.3）。

图 5.2　促成栽培选择深休眠品种导致花期推迟

图 5.3　广州种植红颜，开花少

3.适应性　不同的品种因不同的气候、土壤条件、栽培方式等表现不同，因此需要选择适应本地区，综合性状表现最优的品种。有些品种在寒地表现好但在温度高的南方则表现差。南方地区冬季时间短，温度相对也高，夏秋季高温、高湿，病害重，花芽分化困难，应选择适应当地环境条件的品种，如甜查理、宁玉等。北方地区一般选择较耐寒品种，如红颜、章姬、香野等。甜查理适应性强，在南北方均可种植。在酸性土壤种植表现较好的红颜、章姬等优良品种，而在pH值偏高的盐碱土则表现叶片黄化、植株生长不良。在草莓老产区，还应考虑品种的抗病性、耐重茬性等问题（图5.4）。

4.品种搭配　无论以采摘为主的小型草莓种植园还是以批发加工为主的大型草莓种植区域，选择品种时应遵循一主多辅策略，重点突出以促进盈利为目的、以简化管理为基础的原则，避免刻意差异化种植、百果园式种植和资源圃式种植。一主多辅的品种策略能较快形成区域特色，更容易打造产地名

图 5.4　土壤不适应引起的叶片黄化

片，栽培技术、设施设备、农肥物资、批发零售等更容易统一和推广，更有利于草莓产业链的形成。

二、草莓鲜食优良品种

据不完全统计，目前全世界有草莓品种3 000多个，各地在生产上应用的品种也有300多个，但栽培面积较大的也就几十个。生产者对鲜食品种的一般要求为果实大、颜色鲜艳、果形正、硬度高、风味好、丰产性能强、抗病性好，但这种十全十美的品种目前没有。根据引入来源地的不同，生产上栽培面积较大的品种分为国内自育品种、日韩品种和欧美品种三类。国内自育品种进展很快，每年推出的品种也越来越多，推广面积逐年增加，涌现出一批优秀的品种，如宁玉、白雪公主、久香、越秀、宁露、红玉、粉玉等。日本品种由于普遍香味浓、风味好而深受消费者的喜爱，但果实较软、不耐贮运、抗病性差、栽培难度大，此类品种以香野、红颜、章姬为代表。欧美品种因果实大、颜色鲜艳、果形正、硬度高、丰产性能强、抗病性好而受生产者喜爱，但往往硬度大、酸味稍重而风味不如日本品种，此类品种以甜查理、蒙特瑞、圣安德瑞斯、阿尔比等为代表。

1.国内育成品种

（1）宁玉：江苏省农业科学院园艺研究所选育，植株半直立，长势强，株高12.0 ~ 14.0 厘米，冠径26.8 厘米 × 27.2 厘米。匍匐茎抽生能力强。叶片绿色，椭圆形，长7.9 厘米，宽7.4 厘米，叶面粗糙，叶柄长9.3 厘米。花冠径3.0 厘米，雄蕊平于雌蕊，花粉发芽力高，授粉均匀，坐果率高，畸形果少；平均花房长12.9厘米，分歧少、节位低，每花序10 ~ 14朵花。果实圆锥形，果个均匀，红色，果面平整，光泽强。果基无颈无种子带，种子分布稀且均匀；果肉橙红色 ，髓心橙色；味甜，香浓。可溶性固形物含量10.7%，总糖含量7.384%，可滴定酸含量0.518%，维生素C含量0.762毫克/克，硬度1.63千克/厘米^2。果大丰产，第一、二级序平均单果质量24.5克，最大52.9克，产量一般达2 212千克/亩。抗炭疽病、白粉病。早熟，在南京大棚促成栽培，9月上旬定植，10月中旬显蕾，10月20日左右开花，11月20日左右初果期，11月20日左右二序花显蕾，12月底三序花显蕾，连续开花坐果性强（图5.5 ~ 图5.7）。

图 5.5　宁玉（1）

图 5.6　宁玉（2）

图 5.7　宁玉育苗

（2）久香：上海市农业科学院林木果树研究所选育。该品种生长势强，株形紧凑。花序高于或平于叶面，7 ~ 12 朵/序，4 ~ 6序/株。两性花，花瓣6 ~ 8 枚；第一花序顶花冠径3.68 厘米。匍匐茎4月中旬开始抽生，有分枝，抽生量多。根系较发达。果实圆锥形，较大，第一、二级序果平均质量21.6 克；果形指数1.37，整齐；果面橙红色富有光泽，着色一致，表面平整；种子密度中等，分布均匀；种子着生微凹，红色。果肉红色，髓心浅红色，无空洞；果肉细，质地脆硬；汁液中等，甜酸适度，香味浓；可溶性固形物含量9.58%～12%（设施栽培），可滴定酸含量0.742%，维生素C含量9.783毫克/千克。

在上海地区花芽形态分化期为9月下旬。设施栽培花前1个月内平均抽生叶片4.59枚；一级花序平均花数14.33朵，收获率61.7%，商品果率93.95%；第一花序显蕾期11月中下旬，始花期11月18日，盛花期12月2日；第一花序顶果成熟期1月上旬，商品果采收结束期5月中旬，商品果率均在82%以上；病果率仅为0.41%～1.06%。田间调查结合室内鉴定，对白粉病和灰霉病的抗性均强于丰香（图5.8、图5.9）。

图5.8 久香（1）

图5.9 久香（2）

（3）红玉：杭州市农业科学研究院选育，由甜查理×红颜杂交选育而成。抗病性强。直立，叶片较薄，叶色浓绿；花梗长，花白色，花瓣数5～6枚。每花序着生12～20朵花；炭疽病抗性为中抗、灰霉病抗性为耐病，白粉病抗性与‘红颊’相似。耐低温弱光照，连续结果性好，产量高。采用大棚促成栽培，9月上旬定植，10月中旬开花，11月中下旬采收，采收期可延续至次年5月。植株生长中庸，不易徒长，分枝少，用工省。但育苗期匍匐茎抽生能力强。品质佳，硬度高，果大。平均果重达到23克，果形长圆锥形，红色，着色均匀，味甜，可溶性固形物含量9.5%～14.8%（图5.10 、图5.11）。

图 5.10　红玉（1）

图 5.11　红玉（2）

（4）越丽：浙江省农业科学院园艺研究所以‘红颊’为母本，‘幸香’为父本杂交选育而成的早熟草莓新品种，在浙江省12月上旬成熟。果实圆锥形，美观，顶果平均质量39.5 克，平均单果质量17.8 克。果面平整、鲜红色、具光泽，髓心淡红色，无空洞，果实甜酸适口，风味浓郁；总糖含量9.9 %，总酸含量7.08 克/千克，维生素C含量61.0 毫克/百克，果实平均可溶性固形物含量12.0 %，平均硬度331.0 克/平方厘米。感炭疽病、中感灰霉病、抗白粉病，平均产量1 465 千克/亩。适合设施栽培（图5.12、图5.13）。

图 5.12 越丽（1）

图 5.13 越丽（2）

（5）越心：浙江省农业科学院园艺研究所以草莓优系'03-6-2'（卡麦罗莎×章姬）为母本，'幸香'为父本杂交选育而成的早熟草莓新品种，在浙江省地区11月中下旬成熟。果实短圆锥形或球形，顶果平均质量33.4 克，平均单果质量14.7克。果面平整、浅红色、具光泽，髓心淡红色，无空洞，果实甜酸适口，风味甜香；总糖含量12.4 %，总酸含量5.81 克/千克，维生素C含量764 毫克/千克，果实平均可溶性固形物含量12.2 %，平均硬度292.8 克/厘米^2。中抗炭疽病、灰霉病，感白粉病，平均产量2 490千克/亩以上，适合设施栽培（图5.14 、图5.15）。

图 5.14 越心（1）

图 5.15 越心（2）

（6）中莓1号：中国农业科学院郑州果树研究所选育。植株长势中等，为中间型。果实圆锥形，无果颈，无裂果，果形一致，畸形果少，果面平整，橙红色或鲜红色，光泽度强，萼下着色良好，果面着色均匀。第一级序果平均果重30.7克，同一级序果果个均匀整齐。果肉白色，质地脆，肉细腻，纤维少，橙红色，空洞中等，果汁中多。果实风味酸甜，有香气，可溶性固形物含量10.5%，总酸含量0.64%，总糖含量6.82%，维生素C含量0.422毫克/克，硬度3.5千克/厘米^2，果实硬度大，耐贮运。郑州地区日光温室栽培，9月上旬种植，果实始熟期为12月中下旬，抗炭疽病和白粉病。适合促成和半促成栽培。果实适宜鲜食（图5.16、图5.17）。

图5.16　中莓1号（1）

图5.17　中莓1号（2）

（7）中莓3号：中国农业科学院郑州果树研究所选育。植株长势中等，为中间型。果实长圆锥形，果面平整，橙红色或中等红色，光泽度强，果尖易着色，一级序果平均果重28.3克，同一级序果果个均匀整齐。果肉颜色橙红，质地绵，肉细腻。风味酸甜适口，有香味，可溶性固形物含量13.3%，总糖含量7.21%，总酸含量0.48%，维生素C含量0.56毫克/克，较耐贮运。郑州地区日光温室栽培，9月上旬种植，果实始熟期为12月中下旬，抗白粉病和灰霉病。适合促成和半促成栽培。果实适宜鲜食（图5.18、图5.19）。

图 5.18　中莓 3 号（1）

图 5.19　中莓 3 号（2）

（8）中莓华悦：中国农业科学院郑州果树研究所选育。植株生长势强，株形直立，授粉均匀，坐果率高，畸形果少，果实长圆锥形，果个均匀，果肉橙红色，果面平整，髓心空洞小，耐贮运。早熟，在郑州地区温室促成栽培，9月上旬定植，11月27日果实始熟期，连续结果性强。可溶性固形物含量13.6%。抗白粉病。适合促成栽培。果实适宜鲜食（图5.20、图5.21）。

图 5.20　中莓华悦（1）

图 5.21　中莓华悦（2）

（9）中莓华丰：中国农业科学院郑州果树研究所选育。植株生长旺盛，株形直立，株高25.7厘米，冠径33.3厘米。果实长圆锥形，果面平整，畸形果少，中等红色，光泽度强，果肉质地绵，味道酸甜，可溶性固形物含量10.2%，较耐贮运。果个大，丰产性强，最大果重85.6克。抗炭疽病和白粉病。适合促成栽培。果实适宜鲜食（图5.22、图5.23）。

图 5.22　中莓华丰（1）

图 5.23　中莓华丰（2）

（10）中莓华硕：中国农业科学院郑州果树研究所选育。植株生长旺盛，株形直立，株高28.3厘米，冠径37.2厘米。果实长圆锥形，果面平整，中等红色，光泽度强，果肉细腻，味道酸甜，可溶性固形物含量10.3%，较耐贮运。果个大，丰产性强，最大果重71.9克。抗炭疽病。在郑州温室促成栽培，9月上旬定植，12月26日始熟期。适合促成栽培。果实适宜鲜食（图5.24、图5.25）。

（11）华艳：中国农业科学院郑州果树研究所选育。植株长势强，株形直立，花粉发芽力高，授粉均匀，坐果率高，畸

图 5.24　中莓华硕（1）

图 5.25　中莓华硕（2）

形果少。果实长圆锥形，果个均匀，红色，果面平整，光泽度强，种子分布均匀，果尖易着色。果肉红色，髓心红色；味道酸甜，香味浓，脆甜爽口，可溶性固形物含量12.6%，果实硬度大，耐贮运。在郑州温室促成栽培，9月上旬定植，11月27日始熟期，连续结果性强。适合促成栽培。果实适宜鲜食（图5.26、图5.27）。

图 5.26　华艳（1）

图 5.27　华艳（2）

（12）中莓华豫：中国农业科学院郑州果树研究所选育。植株长势旺盛，株形半直立，果实长圆锥形，果面平整，中等红色。同一级序果果个均匀整齐。果肉颜色橙红，质地绵，果肉细腻。风味酸甜适口，可溶性固形物含量11.23%，较耐贮运。抗白粉病和灰霉病（图5.28、图5.29）。

图5.28　中莓华豫（1）

图5.29　中莓华豫（2）

（13）中莓华茂：中国农业科学院郑州果树研究所选育。该品系植株长势强，株形直立，授粉均匀，坐果率高，畸形果很少，果实圆锥形，果个均匀，中等红色，果面平整，光泽度强，连续结果性强（图5.30、图5.31）。

图5.30　中莓华茂（1）

图5.31　中莓华茂（2）

（14）中莓华欣：中国农业科学院郑州果树研究所选育。植株生长势强，株形直立，授粉均匀，坐果率高，畸形果少，果实圆锥形，果个均匀，橙红色，果面平整。早熟，在郑州地区温室促成栽培，9月上旬定植，11月21日初果期，连续结果性强。可溶性固形物含量13.6%。抗白粉病（图5.32、图5.33）。

图 5.32 中莓华欣（1）

图 5.33 中莓华欣（2）

2.日韩鲜食品种

（1）红颜：由章姬与幸香杂交育成。植株生长势强，株形直立，株高28.7厘米，叶片大，深绿色。果形大，平均单果重15克左右，最大单果重达58克。果实长圆锥形，果实表面和内部色泽均呈鲜红色，着色一致，外形美观，富有光泽，畸形果少；酸甜适口，平均可溶性固形物含量为11.8%，并且前期果与中后期果的可溶性固形物含量变化相对较小；红颜果实硬度适中，耐贮运性明显优于章姬与丰香；香味浓，口感好，品质极佳。休眠程度较浅，花芽分化与丰香相近略偏迟；花穗大，花轴长而粗壮；具有章姬品种长势旺、产量高、口味佳、商品性好等优点，又克服了章姬果实软和易感染炭疽病的弱点（图5.34、图5.35）。

图 5.34　红颜（1）

图 5.35　红颜（2）

（2）章姬：由久能早生与女峰杂交选育而成，果实长圆锥形，果面鲜红色，有光泽，果形端正整齐，果肉淡红色，髓心中等大，心空，白色至橙红色。第一级序果平均单果重19.0克，最大果重51.0克，可溶性固形物含量为9.0% ~ 14.0%。香甜适中，品质极佳。该品种柔软多汁，耐贮性较差，不抗白粉病。早熟品种，适于促成栽培（图5.36 ~ 图5.38）。

图 5.36　章姬（1）

图 5.37　章姬（2）

图 5.38　章姬（3）

（3）香野：又名隋珠，植株生长势强，花芽分化早，花序抽生快，单花序结果多，果实圆锥形，果粒大，横径可达5～6厘米，单果重可达50～60克，果面平整，深红色，有蜡质感。果肉白色，质地细润，甜绵，糖酸比高，入口清爽怡人，甘甜中带有优雅的香气，浓郁的草莓风味久久留于唇齿之间。丰产性好，耐寒性和抗病性较强，抗炭疽病、白粉病（图5.39、图5.40）。

图 5.39　香野

图 5.40　香野苗期

（4）圣诞红：极早熟品种，植株直立，平均株高19厘米。成花能力强，连续结果能力强，产量高，平均单株产量为486

克。花序分枝，授粉率高，畸形果少，商品果比例大。果实表面平整，有光泽，果面红色，果肉橙红色，髓心白色，无空洞，80%果实为圆锥形。第一、第二级序果平均单果重35.8克，最大果重64.5克。果肉细，质地绵，口感极甜，可溶性固形物含量为13.1%。果实硬度和耐贮性强于红颜。对白粉病和灰霉病均有较强的抗性，对炭疽病中抗。耐寒性和耐旱性较强。果实口感极佳，适合亚洲消费者的需求，是生产优质鲜果和建立采摘果园的首选品种（图5.41）。

图 5.41　圣诞红

（5）甘露：植株长势旺盛，耐低温能力强，叶色浅绿，叶片厚，花粉发芽能力强，授粉均匀，坐果率高，畸形果极少；果实圆锥形，鲜红色，光泽强，果肉橙红色，果个均匀，无果颈，甜味突出，香味明显。植株健壮，根系发达，品质良好，生产管理简单。果实硬度适中，耐贮运。果大丰产，产量每亩一般达2 500千克以上。成熟早，在郑州地区大棚促成栽培，9月上旬定植，10月下旬显蕾，11月上旬开花，12月上旬初果期，连续坐果能力强，无断档。抗病性较强，抗白粉病和炭疽病。繁殖系数高，繁苗容易，每株繁苗50株左右。适合促成栽培，是一个极有推广前景的品种（图5.42 ~ 图5.45）。

图 5.42 甘露（1）

图 5.43 甘露（2）

图 5.44 甘露（3）

图 5.45 甘露（4）

3.欧美鲜食品种

（1）甜查理：美国品种，果实形状规整，圆锥形或楔形。果面鲜红色，有光泽，果肉橙色并带白色条纹，可溶性固形物含量7.0%，香味浓，味甜，品质优。果实硬度中等，较耐贮运。第一级序果平均单果重41.0克，最大达105.0克，所有级次果平均单果重17.0克。丰产性强，单株结果平均达500克以上，亩产可达3 000千克以上。抗灰霉病、白粉病和炭疽病，但对根腐病敏感。休眠期短，早熟品种，适合我国南北方多种栽培形式（图5.46、图5.47）。

图 5.46　甜查理（1）

图 5.47　甜查理（2）

（2）阿尔比：美国加利福尼亚大学2004年育成，日中性品种，可周年结果；促成栽培条件下果实上市早，北京及周边地区12月中旬可批量上市；产量高，平均单株产量700 ~ 800克。果实颜色鲜艳，有浓郁的草莓香味。果实长圆锥形，果个大，平均单果重31 ~ 35克，最大可达110克，无畸形果。果实风味佳，口感甜酸适度；果实硬度高，耐贮运，货架期长；抗白粉病、灰霉病和红蜘蛛，对炭疽病、疫霉果腐病和黄萎病有较强的抵抗力。适于秋季促成栽培及夏/春季露地栽培，用作鲜食和加工都非常出色（图5.48）。

图 5.48　阿尔比

第六章 草莓设施栽培技术

一、草莓促成栽培技术

草莓促成栽培即选用休眠较浅的品种，通过各种育苗方法促进花芽提早分化，定植后及时覆膜保温，防止植株进入休眠，促进植株生长发育和开花结果，使草莓鲜果提早上市的栽培方式。这种栽培方式的关键在于选用休眠浅的草莓品种，以及塑料薄膜的覆盖时期和设施的保温促进花芽提早分化的育苗方法。

促成栽培有日光温室促成栽培和塑料大棚促成栽培两种类型。在我国北方地区促成栽培主要以日光温室为主，而塑料大棚促成栽培主要在我国中、东部和长江流域。采用促成栽培可使草莓植株花序抽生得多，连续结果，采果期长，产量高。鲜果上市正值水果生产淡季，单价高，因此经济效益十分可观。

促成栽培除了需要一定的经济投入建造生产设施外，还需要较高的管理技术水平。

1.选择良种壮苗 促成栽培要求选择休眠浅、耐低温、品质好或耐贮运的草莓品种，如宁玉、红颜、章姬、香野、甘露、甜查理等品种。为了实现果实提早上市，充分体现促成栽培的优势，应该使用优质壮苗、营养钵苗、穴盘苗、假植苗。

定植草莓植株的标准要求具有5 ~ 6片展开叶，叶色浓绿，株高20厘米以下，新茎粗度0.6 ~ 1.2厘米，根系发达，苗重25 ~ 30克，无病虫害（图6.1、图6.2）。

图 6.1　生产苗（1）

图 6.2 生产苗（2）

2.土壤消毒　草莓促成栽培由于使用的设施相对固定，往往在同一地块多年连作栽培，土传病害和有害微生物的积累和蔓延，根际周围的营养平衡失调以及根系分泌的有毒物质等因素的综合影响导致草莓生产中存在严重的连作障碍。连作主要表现的病害为黄萎病、枯萎病、根腐病、炭疽病、革腐病、细菌性茎腐病等，为了确保优质、丰产，每年在定植前要进行土壤消毒。

（1）太阳能消毒：在夏季7 ~ 8月高温季节，将基肥中的农家肥施入土壤，深翻30 ~ 40厘米，灌透水，然后用塑料薄膜平铺覆盖和加盖大、小拱棚并密封土壤40天以上，使土温达到50 ~ 70℃，杀菌杀虫效果更好，这一消毒方法已被许多种植者应用，在土壤盐碱化严重的地区谨慎使用。

（2）化学药剂消毒：用化学药剂消毒效果更好，常用的土壤消毒剂有棉隆和石灰氮等。

棉隆，又名必速灭、二甲噻二嗪，是一种广谱性的土壤熏蒸剂，可用于苗床、盆栽、温室、花圃、苗圃、耕地等的土壤消毒。棉隆施用于潮湿土壤时，会产生异硫氰酸甲酯，迅速扩散到土壤团粒间，使土壤中各种病原菌、线虫、害虫及杂草无法生存而达到灭杀的效果。对土壤中的镰刀菌、腐霉菌、丝核菌、轮枝菌和刺盘孢菌等，以及根丝和包囊等线虫有效，对萌发的杂草和地下害虫也有很好的效果。

施药量：棉隆的用药量受土壤质地、土壤温度和湿度等的影响，沙质土每亩可用15 ~ 25千克有效成分，黏质土用量适当加大。施药后应立即盖土覆膜。

施药时间：播种或定植前使用，夏季避开中午天气暴热时间施药。

使用方法：提前3天浇透水，施药前应仔细整地，深度20厘米；水分保持在76%以上，均匀撒施，施药后立即用旋耕机混土，混匀后加盖塑料薄膜，土壤温度应该在6℃以上，最好在12 ~ 18℃。覆盖天数受气温影响，温度越低覆盖天数越长，土壤温度5℃时，覆盖25天左右，通气时间20天左右；土壤温度25℃时，覆盖时间为10天，通气时间为5天。施药用量根据当地条件进行调整。

注意事项：为避免土壤二次感染，农家肥一定要在消毒前加入，因为棉隆具有灭生性，所以生物药肥不能同时使用。施药时应穿靴子和戴橡胶手套等安全防护用具，避免皮肤直接接触药剂，一旦沾污皮肤，应立即用肥皂、清水彻底冲洗。施药后应彻底清洗使用过的衣服和器械，废旧容器及剩余药剂应妥善处理和保藏。该药剂对鱼有毒，防止污染水塘。药剂应密封于原包装中，并存放在阴凉、干燥的地方，不得与食品、饲料一起贮存。

石灰氮学名为氰氨化钙，是药、肥两用的土壤消毒杀菌剂。

土壤消毒法（石灰氮+水+太阳能+有机肥或秸秆）：在地表撒上有机肥和碎稻草或麦秸（每亩撒施800～1 000千克）与石灰氮（每亩50～70千克），与土壤充分混合（用旋耕犁旋2遍），起垄（垄宽60厘米，高40厘米），并盖上地膜，沟内灌水，将大棚密闭。白天地表温度可达70℃，20厘米深层土温度在40～50℃，持续20～30天，就可起到土壤消毒和降盐的作用。消毒结束后，揭膜通风5～7天即可种植草莓。

对土壤耕层不足20厘米的地块，土壤板结盐渍化较重的大棚内，或根结线虫发生较普遍的棚内，必须先进行土壤深翻30～40厘米，然后撒上石灰氮、秸秆（麦秸或玉米秸、鸭圈粪、喂牛剩余的草渣、鲜瓜豆类秧蔓粉碎）后，旋耕2遍，再起垄、盖地膜（封闭越严越好）、灌水、密闭大棚，进行高温闷蒸。消毒时间可从6月中旬至8月底进行。温度越高，杀虫、灭菌效果越好。

对于病虫害不是太严重，或只有死秧而没有根结线虫的棚，或上一年进行过严格消毒的棚室可采取简易法，沟垄交替免耕法：将原来的走道挖宽30～40厘米，沟深25～30厘米，就地将秸秆（干秸秆600～1 000千克）等与石灰氮（50千克/

亩）和下茬作物用的有机肥一起施入沟内，边撒边与垄背土同时回填，整平后再撒一遍石灰氮（15千克/亩），然后取原垄背土覆盖在上面，形成新的垄背，原来的垄背变成沟。盖地膜、灌水、闷棚20天左右。要注意棚膜清洁，保持良好的透光性，提高消毒效果。揭膜晾5～7天，根据茬口可直接种植下茬作物，若种植夏秋茬作物不需要施用其他肥料可直接种植。若在8～9月消毒，最好用新棚膜，透光性好，消毒效果明显（图6.3）。

图6.3 土壤消毒

3.整地做垄 8月上旬平整土地，施入腐熟的优质农家肥4 000～5 000千克和氮磷钾（15：15：15）复合肥40～50千克（如进行太阳能或化学药剂消毒，农家肥应在消毒前加入），然后做成南北走向的大垄。采用大垄栽培草莓可增加受光面积，提高土壤的温度，有利于草莓植株管理和果实采收。大垄的规格为：上宽40～50厘米，下宽70厘米，高30～40厘米，垄沟宽30厘米（图6.4～图6.6）。

图 6.4　撒施底肥

图 6.5　旋耕

图 6.6　起垄

4.滴灌安装　滴灌送水需要每平方厘米的压力为1～1.5千克，用水泵即可，推荐使用无塔供水等稳压设备。滴灌管道的安装级数，要根据水源压力和滴灌面积来确定，一般采用三级管道，即干管、支管和毛管。

1）干管：一般采用直径16.67厘米（5寸）硬质塑料管，埋在地下50厘米处，伸入大棚后，即返出地面。

2）支管：一般用直径10厘米或8.34厘米（3寸或2.5寸）软质塑料管，与草莓垄的方向垂直排放，一端与干管接通。

3）毛管：一般用带有滴孔的塑料软管，孔间距10厘米，安装时滴孔向上，根据栽培习惯每行草莓一条或两行一条，每亩需要700米左右。一端利用旁通连接支管，另一端折回拴死即可。

在干管的进水口处，一定要安装过滤器，用以过滤水中杂质，防止滴管堵塞。在支管上安装施肥器，用于滴灌过程中施用肥料和农药（图6.7）。

图 6.7　水肥一体机

5.定植与补苗　根据栽培区域和育苗方式确定草莓定植时期。对于营养钵假植苗，当顶花芽分化的植株达80%时进行定植，营养钵假植苗定植过早，会推迟花芽分化，从而影响前期产量；定植过迟，会影响腋花芽的分化，出现采收期间隔拉长现象，从而影响整体产量。对于非假植苗，一般是在顶花芽分化后的10天左右定植，定植后缓苗期正赶上侧花芽分化，由于正在缓苗的植株从土壤中吸收氮素营养的能力比较差，所以有利于花芽分化。北方棚室栽培一般在8月下旬至9月初定植，南方大棚栽培在9月中旬至10月初定植。

采取大垄双行的定植方式，植株距垄沿10厘米，株距15 ~ 20厘米，小行距25 ~ 30厘米，每亩用苗量8 000 ~ 12 000株。做好垄后铺设喷灌管道，在定植前1 ~ 3天喷水洇垄，垄上不平整的地方及时整理，定植时秧苗不宜深也不宜浅，要做到埋根露心，幼苗的弓背方向朝向垄沟，以便以后从弓背方向抽生的花序伸向垄沟方向，使果实生长于垄两侧，果实光照充分，着色良好，采收也方便。定植后的前7天内，每天早、中、晚分别浇水1次，以后依土壤湿度进行灌溉，以保证秧苗成活良好。温度过高可以在棚架上覆盖遮阳网，效果更好（图6.8）。

图6.8　定植

草莓定植后，经常会因为栽植过深、种苗染病、浇水不足等原因造成死苗，补苗是草莓生产中一项常见的工作。可以在定植后把剩下的草莓定植在7厘米×6厘米的营养钵中，浇足水，摆放在温室的一侧或后墙边，等待补苗，补苗时连同基质定植在垄上。

如果存留的草莓苗不足补苗，也可以采用匍匐茎苗进行补苗，选择缺苗处周围健壮的植株，留取匍匐茎，待匍匐茎苗长到1叶1心时，将匍匐茎苗压在缺苗处，待匍匐茎苗活稳后，从距离匍匐茎苗3～4厘米处剪断。

6.扣棚保温及地膜覆盖

（1）扣棚时间：草莓在花芽分化后，需要长日照和较高温度条件下才能开花结果。促成栽培主要任务之一是防止秋冬植株进入休眠，因为植株一旦进入休眠要打破休眠就比较困难。扣棚的时期一般在顶花芽开始分化1个月后，此时顶花芽分化已完成，第一侧花芽正在进行花芽分化。此时在外界最低气温降到8～10℃，平均温度在15℃左右时进行。我国的北方一般在10月初为保温适期，南方在10月下旬至11月初为保温适期。扣棚的时期不能过早或过迟，扣棚过早，气温高，植株生育旺盛，侧花芽分化不良，着果较少，产量降低；扣棚过迟，植株容易进入休眠状态，生育缓慢，由于营养生长不旺导致产量低，成熟期推迟，达不到促早栽培的目的。如果采用假植、盆钵育苗、高山育苗等促进花芽分化的措施，由于顶花芽和侧花芽分化均提早，所以，扣棚的时间也可相应提前。

（2）地膜覆盖：为了保持地温，使草莓继续生长发育，一般在棚膜覆盖后10天覆盖地膜，以提高土温，降低棚内湿度，防止病害发生。目前生产上普遍使用黑色或双色地膜，可防止草害发生。覆盖时间不宜过迟或过早，过早地温高会伤害根系，并推迟侧花序的花芽分化，过迟提高地温效果差，影响植株旺盛生长。覆盖地膜时一般在下午将全部秧苗覆盖在膜下，并将膜拉平压好并用地膜钉四周，防风刮掀，并及时在每一株秧苗附近用小刀划条短线，将所有秧苗掏出，防止高温伤叶。覆膜前需施肥1次，每亩撒施氮磷钾（20：20：20）复合肥10千克（图6.9、图6.10）。

图 6.9　地膜覆盖（1）

图 6.10　地膜覆盖（2）

（3）冬季保温：11月中下旬气温已经较低，棚室内夜间温度开始影响草莓的生长发育，此时必须及时覆盖保温材料或在棚内增设中、小拱棚进行保温，使草莓正常生长发育，达到促成栽培的目的。在中部地区，日光温室覆盖草帘、棉毡、保温被等，大棚促成栽培采用2层膜加1层防寒毡，或3层膜覆盖（图6.11、图6.12）。

图6.11 温室保温（1）

图6.12 温室保温（2）

7.促成栽培温度的管理 促成栽培的目的是使草莓按照种植者意愿提早上市，取得良好的经济效益。第一批浆果上市，要求在元旦前后，部分地区最早可提早到11月上旬，开始花芽分化最迟需在9月20日左右。扣棚需在10月10日左右。为了增加早期产量和总产量，必须维持植株的生长势，生长势强，结果多，果个大。由于草莓季节性强，每个环节需要进行精细管理，其中温度的管理至关重要。草莓花芽分化是在较低温度和短日照条件下进行的，但花芽的进一步发育，花器官的形成，开花结果及果实生长却要求在较高温度和长日照条件下完成。自然条件下，从花芽分化后的11月到翌春是低温、短日照的不利时期，促成栽培正是要在这样不利的光温条件下使草莓开花结果，这就要特别注意根据草莓的生育条件进行温度管理，否则会对草莓产量和品质造成极大的影响。促成栽培温度管理指标如下：

（1）显蕾前：在扣棚保温后到花蕾伸出前，一般需要较高的温度，以促进根系吸收更多的养分，有利于植株生育和开花。这一段时间要求白天24～30℃，夜间15～18℃，最低不低于8℃。

（2）现蕾期：要求白天25～28℃，夜间8～12℃，不高于13℃，如果现蕾期夜温过高（13℃以上）会使腋花芽退化，雄蕊、雌蕊的发育受到不良影响。

（3）开花期：要求白天22～25℃，夜间5～10℃。进入花期后，对温度的要求比较严格，温度过高，果实发育快，发育期短，果个小；温度过低，果实发育慢，成熟晚，果个大。

（4）果实膨大期：要求白天23～25℃，夜间5～10℃。这个时期如果白天温度在23℃以下，果个更大。

（5）果实采收期：白天宜保持20～23℃，夜间5～7℃。如果晚上达不到温度要求可设置中、小拱棚进行2～3层覆盖，还可加盖纸被、草帘、保温被或防寒毡等，以提高夜间温度，保证夜温在5℃以上。

8.设施内湿度调节

（1）土壤湿度的调控：扣棚保温后，大棚内温度较高，草莓叶片及土壤蒸腾量也很大，因此土壤很容易干燥，如果水分不足，叶片常萎蔫，土壤表面也干燥。由于草莓的需水量很大，通常每隔5～7天需灌溉1次，冬季15～20天灌溉1次，每次需灌透土层20～30厘米深，使土壤长期保持湿润。草莓根系吸水是否充分，是草莓生长好坏的关键措施之一。

（2）空气湿度调节：大棚扣棚保温后，由于处于密闭状态，所以空气相对湿度很高，通常达90%以上。在开花期间，如果湿度过大，花药不能裂开，花粉不能散出，所以授粉受精不良，易产生畸形果，且坐果率下降。因此花期一般保持棚内湿度60% ~ 70%，要结合温度管理加以放风，来降低空气湿度，沟内覆地膜即全园覆地膜，不露土壤，使土壤水分不能大量蒸发在棚内的空气中，以降低空气湿度。在果实采收期，空气湿度过大，果实易发生灰霉病而引起大量烂果，注意空气湿度的调节，防止棚内湿度过大。

9.光照控制　草莓在秋冬低温、短日照条件下，易矮化休眠，为了促进植株生长，抑制其休眠，除采用保温措施外，还需结合电照栽培、赤霉素处理才能有效地促进植株旺盛生长和开花结果。喷施赤霉素需要根据品种的特性进行，如红颜、章姬、香野、宁玉等品种不需要赤霉素处理。电照栽培是在设施内安装专用植物补光灯使光照每天延长2 ~ 4个小时。通常每个植物补光灯照光面积100 ~ 150平方米，每亩安装灯泡5 ~ 7个，灯高2.8米，一般在12月底至1月底雾霾较严重的30天中进行照明，每天早晚各照光约2小时，以补充冬季的光照不足，达到草莓开花结果期需要的长日照效果，电照栽培可显著提高草莓的产量（图6.13、图6.14）。

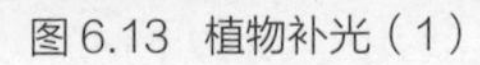

图6.13　植物补光（1）

图6.14　植物补光（2）

10.植株管理　从定植到果实采收结束，植株一直进行着叶片和花茎的更新，为保证草莓植株处于正常的生长发育状态，花芽分化和发育符合要求，经常进行植株管理工作是必需的。

（1）摘老叶、病叶：植株定植成活后，新叶不断发出，子苗所带的叶片逐渐变色老化，失去光合作用的功能，应及时摘除，在整个生育期间要不断地摘除老叶，以促进花芽分化。另外，在开花结果期，如果植株长势过旺，叶片数过多，即使叶片未衰老的成熟叶片也可部分摘除。但不能过度摘叶，一般每株保持8～10片叶，否则会使开花和果实膨大缓慢、推迟成熟期。

在草莓的生长过程中，每7～8天生长1片叶子，新叶不断产生，老叶不断枯死。当发现植株下部叶片呈水平生长，叶鞘边缘开始变色，说明叶子已经失去光合作用功能，需要及时摘除，摘除时要连同叶鞘一起摘除。摘除叶片有利于早发新根，通风透光，减少病害发生，果实充分见光，成熟转色快，口感好。特别是畦中间的叶片，要注意整理。但摘叶不宜过多，应根据植株和叶片的长势决定是否摘除。只要植株长势正常，叶片功能健全，满足通风透光条件，可不摘除叶片。

摘除叶片应该在晴天的上午进行，摘下的叶片装到塑料袋中，带出温室，在远离温室的地方挖坑填埋。

（2）去除匍匐茎和弱芽：当植株发出新叶后，会不断发出腋芽和匍匐茎，为了减少植株的营养消耗，增加产量和大果率，必须及早去除刚抽生的腋芽和匍匐茎，这样可避免较大的伤口，促进顶芽开花结果。在去弱芽时需根据不同的品种、秧苗质量和株行距，留强壮的腋芽1～2个，密度大的留1个壮腋芽，密度小的留2个壮腋芽。另外，果实采收后的花序要及时去掉。

（3）赤霉素（GA_3）处理：赤霉素可以防止植株进入休眠，促使花梗和叶柄伸长生长，增加叶面积，促进花芽发育。赤霉素的处理时期以保温后1周为宜，使用浓度为5～10毫克/升，使用量为5毫升/株，使用时把药液喷在苗心。由于赤霉素处理后植株有开花数增多，小果比例增加，根重减少，徒长的倾向，因此，喷布赤霉素的浓度不能过量和次数不能多。目前主栽品种只有甜查理需要现蕾期喷10毫克/升赤霉素1次（图6.15、图6.16）。

图 6.15 赤霉素过量

图 6.16 使用赤霉素不当的症状

11.花果管理

（1）花期授粉：花期用蜜蜂或熊蜂来提高授粉质量，提高坐果率，减少畸形果的发生，一般每亩棚室放1～2箱蜂，蜜蜂数量以一株草莓一只以上蜜蜂为宜，注意通风口上要用纱布封好，防止蜜蜂飞走。蜜蜂箱一般应在花前一周放入，以便蜜蜂能更好地适应棚室内的环境。蜜蜂在气温5～35℃出巢活动，生活最适温度是15～25℃，蜜蜂活动的温度与草莓花药裂开的最适温度（13～20℃）相一致。在棚内温度低于14℃或高于32℃时，蜜蜂活动较迟钝而缓慢，在晴天上午9点至下午3点，大棚内气温在20℃以上时，蜜蜂活动非常活跃，授粉效果很好，注意放蜂期不能使用对蜜蜂有害的杀菌剂和杀虫剂，最好将蜂箱暂时搬到别处，并注意防止高温多湿给蜜蜂带来病害。也可采用熊蜂授粉（图6.17、图6.18）。

图6.17　熊蜂授粉（1）

温室大棚内放养蜜蜂的技术性很强，若不能正确放养，不但达不到应有的目的，还会造成蜂群变弱死亡。放蜂时要注意以下几点：

一是保温。由于棚室内昼夜温差太大，不利于蜜蜂的繁殖，因此，蜂箱应离地面30厘米以上，并用棉被等保温材料将蜂箱包好保温。这样蜂箱内的温度变化不大，有利于蜜蜂繁殖

图6.18 熊蜂授粉（2）

并提高工蜂采集花粉的积极性，从而提高草莓授粉的可能性。

二是喂水。为了保证蜂王产卵、工蜂育儿的积极性，必须适当喂水。防止蜜蜂落水淹死，给蜜蜂喂水的小水槽或盘子里应放些漂浮物，如麦秆、玉米秸秆、竹筷等。

三是喂糖。当发现缺蜜时要及时用1千克白糖兑水按1∶1的比例熬制，冷却后饲喂，水可偏少，不能太多，防止蜜蜂生病。饲喂时也要放漂浮物，防止蜜蜂淹死。

（2）疏花疏果：疏花疏果可减少营养的消耗，使营养集中在留下的花果上，从而增加果实的体积和重量。一般大果型品种保留第一、第二级花序和部分第三级花序，中小型果品种保留第一至第三级花序花蕾，对第四、第五级花序全部摘去，同时注意摘去病虫果、畸形果，一般生产上每个花序留果实3～5个，根据植株的长势、品种不同和市场需要选留不同的数量。甜查理一般不疏花疏果，只摘去病虫果、畸形果。具体留果数可根据花梗的粗细，叶片数量、大小、厚度、颜色来决定。花梗粗、叶片多、叶大而厚、叶色深的品种要多留果，反之要少留果。

（3）草莓畸形果的发生原因及防控对策：由于雄蕊或雌蕊的稳定性以及环境条件所造成受精不完全，使未受精的部分果实膨大受抑制而产生不正果形称畸形果。与畸形果有区别的是果形像鸡冠的鸡冠果，果形扁平如扇状的带果，习惯上将这两种果称为乱形果。鸡冠果易发生于植株营养条件良好的第一级果，在开花时花托部分变得宽大，早期可以预测，当花芽分化时，日照长度在11小时以内易产生带果，可能是2～3个果柄连生在一起，形成宽大的果柄而发生带果，带果的发生品种间差异较大。

1）草莓畸形果的发生原因如下：

①环境因素：温度和湿度是影响草莓畸形果发生的主要因素。草莓花期遇连续阴雨或空气湿度过大，导致花药开裂受阻，花粉传播不良，影响雌蕊柱头受粉；花期温度低于0℃亦会影响授粉受精。此外，低温和阴雨伴随的光照不足造成花粉发育不良，发芽率低下，从而影响授粉受精和果实发育，导致畸形果形成。草莓花期适逢冬季和早春时节，气温低、雨水多、光照不足，是草莓畸形果形成的主要气候因素。

花期当大棚内温度过低时，导致花粉不易飞散，花粉发芽率降低，花粉管伸长受阻受精能力下降而形成畸形果。在幼果期温度降至-1℃以下时，造成幼果受冻而抑制果实发育造成畸形。当日照少、夜温过高时会使雌蕊退化甚至消失，造成受精不良或者在低温下雌蕊发育时间不够，当先端雌蕊尚未形成时，花朵已开放而形成尖端不受精的“缩头果”。灌水量不足常引起花器发育不良，畸形果显著增加；花期使用农药如敌百虫、代森锰锌、克菌丹等也会造成受精不良，产生畸形果。

②品种特性：花粉粒中的淀粉能够提供花粉管伸长所需要的养分以完成受精。通常把含有淀粉具有发芽力的花粉称稔性花粉，而不含淀粉，不能发芽的花粉称不稔花粉。花粉的稔性（能发芽的比例）最好能达50%以上。品种间花粉的稔性有差异。草莓不同品种间花粉发芽率不同而使畸形果率表现出较大差异。花粉发芽率高的品种如章姬、丰香等畸形果率较低，花序级数过高的品种着果不一，养分分布不均，畸形果率较高。此外，抗病性能差的品种在花期感染后，亦会加重畸形果发生。

③病虫为害及花期用药：草莓花期发生的多种病虫害如白粉病、蚜虫均会导致光合作用及养分代谢受阻，导致不同程度的畸形果发生。此时用药防治会致使花粉发育受损，花粉发芽率降低，大大增加畸形果发生，是近年来草莓畸形果发生的主要原因。

④栽培管理：种植密度过大、赤霉素过量、通风透光不良的棚室地块发生严重。有机肥施用量不足，偏施氮肥致枝叶徒长，过度繁茂、畦面过低及不平等综合因素形成郁闭高温的小

气候，极易造成畸形果。

2）草莓畸形果发生的防控对策：草莓畸形果的防控应立足于以农业控制措施为主，优先实施农业栽培措施，充分利用保护地生态的可控性和蜂媒昆虫的有效性，选用无害化农药控制病虫发生，确保植株生长旺盛和果实健壮发育。

①蜜蜂辅助授粉：保护地栽培的草莓花期早，前期自然出现的访花昆虫少，因此在保护地内要进行放蜂授粉。对其他访花昆虫也应加以保护利用。花期要适当通风散湿，创造利于蜜蜂活动的环境，同时在温室内放蜂做好人工授粉。由于温室小，放一大群蜂有些浪费，所以要提前分成小蜂群。另外，由于温室草莓花粉含糖量低，所以要每天及时给蜜蜂喂适量的糖或蜜，以保证蜜蜂的授粉活动。

②合理调控温湿度：花期应严格控制保护地内的温度和湿度。白天温度控制在20～25℃，夜间保持在10～12℃，空气相对湿度控制在80%以下，要适时通风以降温降湿。棚膜采用无滴膜，以免水滴影响坐果。

③加强植株管理：定期摘除老叶、黄叶、病叶，以减少养分消耗，有利于通风透光，减少病害和增加光照，可明显降低畸形果率，且有利于集中养分，保证果实正常发育，提高单果重和果实品质。

④注意施肥灌水：水肥供求失调是导致畸形果的又一重要原因。室内土壤过干、过湿，缺肥或施肥不当，都会造成水分和养分供求失调，导致果实发育不良而形成畸形果。首先要重施有机肥，其次在结果前10天内不要大量施用速效氮肥，同时

要注意磷、钾、微量元素肥、有机肥、菌肥的配合使用。墒情不足时，要及时浇小水。如果缺肥时，应结合浇水随滴灌进行追肥。应增施磷、钾肥，以满足草莓正常开花结果的需要，防止畸形果的发生。

⑤疏花疏果：在开花前将高级次的花蕾适当疏去，每花序只留3 ~ 4个果，其余疏除。疏除易出现雌性不育的高级次花，可明显降低草莓畸形果率，有利于集中养分，提高单果重及果实品质。

⑥注意喷施农药：保护地草莓的病虫害防治中应采用以农业防治为主的综合措施，尽量不用或少用农药。尽量减少用药量和次数，病虫害严重时应在花前或花后用药，开花期严禁喷药，在低温阴雨天气，棚内湿度大时，将蜂箱搬出棚外，用烟熏剂熏蒸防治。

12.肥水管理

（1）追肥技术：促成栽培的草莓不同于露地，植株不进入休眠，始终保持着旺盛的营养生长与生殖生长，开花结果期达6个月以上，植株的负载果也较重。为了防止植株和根系早衰，除了在定植前施足基肥外，在整个植株生长期适时追肥就显得特别重要。考虑到草莓生育期限长，不耐肥，易发生盐害的特点，追肥浓度不宜过高，一般采用少量多次的原则。以液体追肥为主，液体肥料浓度以0.2% ~ 0.4%为宜，注意肥料中氮磷钾的合理搭配，混施腐殖酸、黄腐酸、氨基酸类有机肥，追肥时有机肥、无机肥相结合。追肥的时期分别是：

第一次追肥是在植株顶花序显蕾时，此时追肥的作用是促进顶花序生长，以高磷型水溶性肥料为主，混施有机肥。

第二次追肥是在植株顶花序果实开始转白膨大时，此次施肥量可适当加大，施肥种类以高磷高钾型水溶性肥料为主，混施有机肥。

第三次追肥是在顶花序果实采收前期，以高钾型水溶性肥料为主，混施有机肥。

第四次追肥是在顶花序果实采收后期。植株因结果而造成养分大量消耗，及时追肥可弥补养分亏缺，保证随后植株生长和花果发育，以氮磷钾平衡型水溶性肥料为主，混施有机肥。

以后每隔15 ~ 20天追肥一次，每亩每次施氮磷钾水溶性肥料5 ~ 10千克，有机肥5 ~ 10千克。

在追施大量元素肥料和有机肥的同时，也要注重钙、硼、铁的补充。在花蕾期、果实膨大期和翌年春季各叶面喷施1次0.1% ~ 0.2%的氯化钙或硝酸钙溶液。在草莓花期或幼果期叶面喷施0.1% ~ 0.2%的硼酸溶液，由于草莓对硼过量比较敏感，所以花期喷施浓度适当降低。当草莓植株表现缺铁症状时，及时向叶面喷施0.1%的硫酸亚铁或0.03%的螯合铁水溶液，7 ~ 10天1次，连续喷施2 ~ 3次。选择在晴天上午10点前或下午4点后喷施，以达到最佳的施用效果。

（2）施二氧化碳气体肥料：二氧化碳是草莓进行光合作用的主要原料。一般情况下，空气中二氧化碳浓度很低，只有200 ~ 300毫升/米^3。大棚内二氧化碳的浓度在一天内含量也不一样，下午6点后，棚内二氧化碳浓度逐渐增加，日出前达最高，升至500毫升/米^3，日出1个小时后，随着光合作用的逐渐加强，二氧化碳浓度逐渐下降，上午9点降至100毫升/米^3，虽然经通风棚内二氧化碳浓度有所回升，但仍在300毫升/米^{3}以下，低于棚外二氧化碳的浓度。因此，大棚内二氧化碳浓度低是影响草莓生长发育的限制因素之一。研究表明，当二氧化碳浓度为360毫升/米^{3}时，2万～3万勒克斯即达到光饱和点，当二氧化碳浓度升至800毫升/米^{3}时，6万勒克斯的光强也未达到饱和点。因此，大棚草莓补施二氧化碳气肥，可以使草莓叶片明显增厚，叶色浓绿，果个增大，成熟提前，增产15%～20%。

施二氧化碳气体肥料，可提高植株营养，增加产量，改善浆果品质。一般每天早晨揭草毡时开始，中午放风前停止，阴雨天不施，具体方法有：

1）钢瓶装液体二氧化碳：将市售的二氧化碳钢瓶放置在温室或大棚的中间，在减压阀上安装直径为1厘米的塑料管，在距离棚顶50厘米处固定好，在塑料管上每隔100厘米左右用细铁丝烙一直径2毫米的放气孔，注意孔的方向，使棚内接气均匀，一瓶气每亩可用25天左右。

2）二氧化碳气肥袋：将一大袋二氧化碳发生剂沿虚线处剪开，然后将一小袋促进剂倒入并将二者搅拌均匀，将混合好的二氧化碳气肥大袋放入带气孔的专用吊袋中，不要堵死出气孔。将吊袋挂在温室大棚中的骨架上，距地面2米高的作物上方均匀吊挂，以保证每袋二氧化碳气肥可覆盖33平方米左右的面积，每亩可均匀吊挂20袋。每袋二氧化碳气肥可使用35天左右，在此期限内可均匀地释放出二氧化碳。

（3）水分管理：在生产上判断草莓植株是否缺水不仅仅是

看土壤是否湿润，更重要的是要看植株叶片边缘是否有吐水现象，如果叶片没有吐水现象，说明需要灌溉，以“湿而不涝，干而不旱”为原则。灌溉时采用膜下滴灌（图6.19）。

图6.19　叶片吐水

13.草莓采收　采收是草莓生产中的最后一个环节，也是影响产品销售及贮藏的关键环节。草莓成熟期因不同品种、不同栽培方式、不同栽培季节而各不相同。即使是同一株草莓所结果实，也因为花序不同、果序不同而有先熟后熟之分，因此草莓浆果必须分批分期按其成熟度采收、处理、贮运。草莓是质地较软的浆果，应当随熟随收。生产者必须根据浆果的成熟度确定采收时期。

（1）成熟的判断与采收时期：草莓开花到成熟的天数，随着温度的高低而不同。草莓成熟过程中，果面由最初的绿色逐渐变白色，最后成为红色至浓红色，并具有光泽，种子也由绿色变为黄色或白色。果实色泽的变化先是受光面着色，随后背光面才着色。

草莓从开花到果实成熟需要一定的天数，露地栽培条件下，果实发育天数一般为30天左右，早、中、晚熟品种有差异，最短的18天，最长的41天。四季草莓在长日照、高温下果实发育天数为20～25天，秋冬季45～60天。确定草莓适宜采收的成熟度要依品种、用途和距销售市场的远近等条件综合考虑。一般以果实表面着色达到70%以上时开始采收，作鲜食的以八成熟采收为宜，但甜查理、哈尼、达赛莱克特等硬肉型品种，以果实接近全红时采收为宜，供加工果酱、饮料的，要求果实糖分和香味的可适当晚采。远距离销售时，以七八成熟时采收为宜。就近销售的在全熟时采收，但不宜过熟。

（2）采收方法：由于草莓同一个果穗中各级序果成熟期不同，必须分期采收，刚采收时，每隔1～2天采收1次，采果盛期，每天采收1次。具体采收时间最好在早晨露水干后上午11点之前或傍晚天气转凉时进行，因为这段时间气温较低，果实温度也相对较低，有利于存放。中午前后气温较高，果实的硬度较小，果梗变软，不但采摘费工，而且易碰破果皮，果实不易保存，易腐烂变质。

草莓果不耐碰压，故采收用的容器一定要浅，底要平，内壁光滑，内垫海绵或其他软的衬垫物，如塑料盘、搪瓷盘等，如果容器较深，采收时不能装得太满，若容器底不平，可先垫上些旧报纸或旧布。采收时必须轻摘轻放，切勿用手握住果使劲拉，一般采收时用手轻握草莓斜向上扭一下，果实即可轻松摘下，不带果柄。部分地区采收时用大拇指和食指指甲把果柄掐断，将果实按大小分级摆放于容器内，采下的浆果带有部分果柄，不要损伤萼片，以延长浆果存放时间。

（3）分级和包装：一般是混采，采后分级。农业农村部颁布的草莓行业标准（NY/T 444—2001《草莓》），依草莓外观品质、色泽、单果重等进行了分级。作为加工原料的草莓果实，一般用塑料果箱装运，果箱规格为700毫米×400毫米×100毫米，每箱装果量不超过10千克，一般装果4～5层，并要求在浆果以上留3厘米空间，以免各箱叠起来装运时压伤果实（图6.20、图6.21）。

图6.20　草莓分级包装（1）

图6.21　草莓分级包装（2）

（4）运输：我国鲜草莓的运输途径主要有空运、铁路和公路运输。采用空运，一般当天可运到全国各地。铁路运输具有一次性托运量小、流向分散、批次较多、品种繁杂等特点。汽车运输要用冷藏车或带篷卡车，途中要防日晒，行驶速度要慢，在沙石路或土路上行驶，应尽量降低速度，减少颠簸。用带篷卡车运输，以清晨或晚间气温较低时运输为宜。

二、草莓半促成栽培技术

草莓半促成栽培是指让草莓植株在秋冬自然条件下满足它的低温需求量，基本上通过了自发休眠，但休眠还未完全醒前，人为强制打破休眠之后，再进行保温或加温，促进植株生长和开花结果，使果实在1～4月采收上市的栽培方式。半促成栽培有日光温室半促成栽培和塑料大棚半促成栽培两种类型。在我国半促成栽培主要以塑料大棚为主，北方部分地区采用日光温室。

1.选择良种壮苗 草莓半促成栽培要求选择低温需求量中等，果大、丰产、耐贮运性强的品种，如达赛莱克特、甜查理等品种。为了体现半促成栽培的优势，应采用假植的优质壮苗。定植草莓植株的标准要求具有5～6片展开叶，叶色浓绿，新茎粗度1.2厘米以上，根系发达，苗重30克以上，无明显病虫害。与促成栽培对苗的要求不同，半促成栽培用苗不要求花芽分化早，而要求花芽分化好，分化花序多，每个花序的花数不过多，果形正，畸形果少。

2.土壤消毒、整地做垄、定植 见促成栽培技术。

3.覆膜保温与地膜覆盖

（1）扣棚时间：半促成栽培的采收期在促成栽培和露地栽培之间，是周年供应、均衡上市不可缺少的栽培方式，由于半促成栽培是在草莓植株的自然休眠通过之前开始保温，所以何时开始保温显得尤为重要。草莓半促成栽培的棚室保温时间要根据品种的休眠特性、当地的气温条件、生产的目的、保温设施等来确定。休眠浅、低温需求量低的品种，解除休眠的时间早，可以早扣棚保温；休眠深的品种，低温需求量高，解除休眠的时期晚，扣棚保温时期可适当晚些。如果保温过早，则植株经历的低温量不足，升温后植株生长势弱、叶片小、叶柄短、花序也短，抽生的花序虽然能够开花结果但所结果实小而硬，种子外凸，既影响产量，又影响品质；若保温过晚，草莓植株经历的低温量过多，植株会出现叶片薄、叶柄长等徒长现象，而且大量发生匍匐茎，消耗大量养分，不利于果实的发育。

以早熟为目的，保温宜早，在夜间气温低于15℃以下时及时覆膜，如以丰产为目的，可稍迟一些，不影响腋花芽的发育即可。

设施不同，其保温性能差别较大，因此用作半促成栽培其保温适期也有所不同。北方地区扣棚一般在12月中旬至1月上旬。在江浙地区利用大棚进行半促成栽培时，当选用低温需求量在100小时以下的浅休眠品种时，扣棚时间在10月底至11月初，一般品种在12月中旬至1月上中旬扣棚保温（图6.22）。

（2）地膜覆盖：扣棚保温后不久即进行地膜覆盖，盖膜后

图 6.22　半促成栽培冬季保温

立即破膜提苗，地膜展平后立即进行浇水。

4.温度的调控 随着秋季温度的降低，日照的缩短，草莓开始进入休眠期，各品种对低温需求量不同，进入休眠的时期也有早有迟。对于休眠浅的品种要早保温，休眠深的品种保温相对推迟。一旦进入休眠以后，各品种必须满足其低温需求后才会打破休眠恢复生长。如果低温量不足，即使设施保温，植株仍然矮化，产量不高；相反，如果低温量过多，植株生长旺盛，发生徒长，产量也会降低。一般半促成栽培的扣棚保温时期在低温需求量基本满足的觉醒期，即在完全打破休眠之前，保温期一般在12月中旬至翌年1月上旬。

（1）扣棚后到出蕾期：为了促进植株生长，防止矮化苗进入休眠期，也为了使花蕾发育均匀一致，这时需进行高温管理。其适宜温度白天28～32℃，夜间9～10℃。在不发生烧叶的情况下，大棚与小拱棚都要完全密闭封棚，使其提早打破休眠。发现高温轻微伤叶可喷洒少量水分，如果晴天，短时35℃对植株影响不大，但在40℃以上，应放风降温，温度绝对不能超过48℃。在扣棚的10天内，一般只对大棚通风换气调节温度，小拱棚暂时不通风，以保持较高的空气湿度。

（2）现蕾期：开始出蕾到开花始期。当2～3片新叶展开时，温度要逐渐降低，除大棚外，小拱棚也需通风换气。白天25～28℃，夜间8～10℃，此时正是花粉母细胞四分体期，对温度变化极为敏感，容易发生高温或低温伤害，要防止设施内温度的急剧变化，绝不能有短时间的35℃以上高温。

（3）开花期：开花始期至开花盛期。适宜温度白天23～

25℃，夜间8 ~ 10℃。在30℃以上时，花粉发芽力降低，在0℃以下，雌蕊受冻害，花蕊变黑不再结果，最低温度不能低于5℃，因此应注意夜间保温。

（4）果实膨大期：此期白天宜保持18 ~ 20℃，夜间5 ~ 8℃。如果夜温在8℃以上，果实着色好，冬季最低温度要保持在2 ~ 3℃以上。此时温度高，成熟上市早，但果个小。如果温度低，采收推迟，但果个大。可根据市场价格来调节成熟期，以利于提高经济效益。

（5）果实采收期：白天可保持18 ~ 20℃，夜间4 ~ 5℃，夜间温度应在2℃以上，注意换气、灌水和病虫防治。

5.光照控制 半促成栽培与促成栽培除采用电照栽培外，还采用遮光处理，即在扣棚保温前的20 ~ 30天用遮光50% ~ 60%遮阳网对草莓进行遮光处理，以促进植株生根，防止植株休眠。但遮光处理时间过长，影响植株的光合产物积累，从而影响草莓产量和品质。

6.赤霉素（GA_3）处理 在草莓半促成栽培中喷洒赤霉素可以加快打破植株休眠，促进开花结果。赤霉素的处理时期为升温后植株开始生长时，浓度为5 ~ 10毫克/升，使用量为每株5毫升，使用时把药液喷在苗心，而不要喷在叶片上。

其他如植株管理、花果管理、肥水管理、采收等见促成栽培技术。

三、草莓塑料拱棚早熟栽培技术

草莓塑料拱棚早熟栽培是在露地栽培基础上发展起来的一

种栽培方式，生产技术相对简单，不必过多考虑促成和半促成栽培中的休眠、花芽分化等问题，在植株完全通过自然休眠后外界气温较为适宜时开始保温，促使草莓提早开花结果。利用塑料拱棚进行草莓栽培具有投资少、方法简便、技术容易掌握等特点。由于全国各地气候条件不同，选择的拱棚样式不同，成熟期也各不相同。草莓塑料拱棚早熟栽培的果实成熟期比露地栽培提早10～30天，效益较好。

1.品种选择 与露地栽培基本一样，塑料拱棚早熟栽培对品种的休眠期和成熟期要求不严。目前北方地区生产上的主栽品种是甜查理、达赛莱克特等。

2.土壤消毒及整地做垄 土壤消毒应提早进行，在7月末至8月初完成。土壤消毒后平整土地，施入腐熟的优质农家肥4 000～5 000千克和氮磷钾复合肥40～50千克（如进行太阳能消毒，农家肥应在消毒前加入），然后做成南北走向的大垄。大垄的规格为：垄面上宽40～50厘米，下宽50～70厘米，高30～40厘米，垄沟宽达30厘米。

3.定植 根据育苗方式确定草莓植株定植时期。对于假植苗，当顶花芽分化的植株完成后开始定植，在我国北方地区一般在9月中下旬。对于非假植苗，北方地区要提前定植，一般是在8月中下旬，而南方地区一般是在10月中旬定植。

定植的深度要求“上不埋心、下不露根”。定植过浅，部分根系外露，吸水困难且易风干；定植过深，生长点埋入土中，影响新叶发生，时间过长引起植株腐烂死亡。定植采取大垄双行的方式，植株距垄沿10厘米，株距15～20厘米，小行距

20～25厘米，每亩用苗量8 000～10 000株。定植后1周内，每天需浇水1～2次，以后依土壤湿度进行灌水，以保证秧苗成活良好。

4.扣棚　覆盖棚膜的时间依各地区的气温回升情况来确定，生产上有早春扣棚和晚秋扣棚两种形式。我国南方地区多在早春草莓新叶萌发前进行扣棚，如果扣棚过早，虽然植株能够提早生长发育和开花结果，但早春的低温易造成花器官和幼果受害。秋季扣棚在北方地区较普遍，当外界最低气温降至5℃左右时，可以进行扣棚，扣棚后，植株还有一段时间生长，延长了植株花芽分化时间，增加花芽的数量和促进花芽分化质量，有利于提高产量。扣棚后若棚内温度超过24℃，要通风降温，一方面防止温度过高引起植株徒长和伤害叶片，另一方面保证花芽分化，通风一般从棚两端开放，夜间闭合拱棚保温。在北方地区，土壤封冻前要浇一次透水，然后在垄上盖地膜，地膜上覆盖作物秸秆等防寒物。

5.升温后的管理　早春随外界气温的逐渐升高，可分批去防寒物，然后破膜提苗清除老叶、枯叶。拱棚升温后植株就转入正常的生长发育阶段，这时要及时浇水、追施一次液体肥，以满足植株萌发的需要。

塑料拱棚内白天温度控制指标是：萌芽期25～28℃，花期22～25℃，果实成熟期20～22℃。

在植株顶花序显蕾和顶花序果实开始膨大时要追肥，追肥与灌水结合进行。液体肥料浓度以0.2%～0.4%为宜，注意肥料中氮、磷、钾的合理搭配。浇水要采用滴灌，不可采取大水漫灌，否则易造成地温上升慢，病害严重等现象。除结合施肥浇水外，还要根据土壤缺水程度和植株蓄水情况适时补充水分，以满足植株对水分的需求。

早春夜间温度低，要将拱棚风口合严，若遇突然降温天气或霜冻可在拱棚附近点若干堆火，利用烟熏以减少不良环境条件对草莓植株造成的伤害。当夜间气温稳定在7℃以上时，小拱棚可以撤掉。

其他如植株管理、花果管理、采收等见促成栽培技术。

第七章 草莓水肥一体化技术

一、水肥一体化技术的概念

水肥一体化技术又称灌溉施肥技术，是将灌溉与施肥融为一体的农业新技术。所谓水肥一体化，就是指借助压力灌溉系统，将可溶性固体肥料或液体肥料，按土壤养分含量和作物种类的需肥规律和特点，把肥液与灌溉水配兑一起，通过可控管道系统供水、供肥，使水肥相融后，通过管道和滴头形成滴灌，均匀、定时、定量，浸润作物根系发育生长区域，使主要根系土壤始终保持疏松和适宜的含水量。采用水肥一体化技术，可根据作物不同生育期的需水需肥规律，结合土壤养分状况，进行全生育期的需求设计，把作物所需要的水分和养分适时按比例直接提供给作物。

草莓根系较浅、肥水需求量大，在生产过程中，如何在给草莓植株提供水分的过程中最大限度地发挥肥料的作用，实现水肥的同步供应，即草莓水肥一体化技术。应用水肥一体化技术是实现草莓生产高产优质的重要技术措施。研究表明，水肥一体化技术可以节省施肥劳力，提高肥料的利用率，相对常规灌溉施肥可节水40%，节肥20%左右，省工，提高果实品质。并且可以根据草莓养分需求规律有针对性地施肥，缺什么补什么，也有利于应用微量元素，做到灵活、方便、准确地控制施肥数量和时间，实现精准施肥，充分发挥水肥的相互作用，实现水肥效益的最大化，达到节水、节肥、省工、增产等的目的。通过水肥一体化技术可以有效地调控土壤根系水渍化、盐渍化、酸碱度、根区土壤透气性、土传病害等，改善土壤状况，同时还可以防止化肥、农药的深层渗漏，从而减少化肥农药对地下水和土壤的污染。另外，通过减少灌水，降低草莓设施栽培时棚内的空气湿度、增加地温，减少病虫害的发生。目前水肥一体化技术在设施草莓生产中得到了大面积的推广应用。

二、草莓对水分的需求规律

草莓根系生长要求土壤有充足的水分和良好的通气条件。草莓根系分布浅，叶面蒸腾和花果发育需消耗大量水分，对水分的要求高。在草莓的整个生长期，土壤需要一直保持湿润状态。草莓不同生长期对水分的需要不同，秋季定植后，由于温度较高，蒸发量大，需要及时供应充足的水分以保证成活。花芽分化期适当减少水分，以保持土壤含水量60% ~ 65%为宜，以促进花芽的形成。开花期土壤含水量应不低于70%，水量不足容易造成花瓣不能完全展开，导致畸形果并容易诱发灰霉病。果实膨大期需水量较大，土壤含水量不应低于80%，土壤水分充足时，果实膨大快，有光泽，果汁多，否则会造成坐果率低，果个小，品质差。果实成熟期应适当控水，以提高糖度、硬度、着色、香味，利于果实成熟和采收，防止果实腐烂。

三、草莓对养分的需求规律

营养和施肥对草莓的生长至关重要，在应用水肥一体化技术时，底肥占的比例为20%，其他作追肥用。草莓对氮、磷、钾、钙、镁等大中量元素的需求量较多，而对铁、锌、锰、铜、硼和钼等微量元素的需求量较少。草莓生产过程中养分的吸收和利用受pH值、湿度、有机质含量、灌溉及天气状况的影响，其营养成分的变化很难掌控。研究表明，每吨草莓养分移除量中氮含量为6～10千克，磷含量为2.5～4千克，钾含量大于10千克，可见草莓生长发育中对钾、氮的需求量远大于对磷的需求量，氮、磷、钾的需求比例是1.0∶0.4∶1.4。钾肥施用量的多少对草莓果实大小、色泽、香味、糖分积累等品质影响很大。但是，草莓的不同生长发育期对肥料的需求量和种类也不一样，肥料的分配要根据草莓不同的生育时期养分特点确定，总体的规律是养分的吸收量与植株生长量基本同步，在旺盛生长期和结果旺盛期补充营养则是草莓获得高产优质的关键措施。在盛花期、坐果期，草莓对氮、磷、钾的需求量分别占吸收总量的47%、36%、32%。草莓在花芽分化开始后，需要维持较高的氮水平，在开花和幼果生长期要求较低的氮和较高的磷、钾，果实膨大期需要较高的钾。

四、草莓水肥一体化关键技术

1.施肥系统的选择　草莓水肥一体化技术，可以在灌溉的同时，将草莓不同生育期需要的养分同时输送到草莓根部，实现水肥一体，满足草莓对水分和养分的需求。设施草莓种植一般选择滴灌施肥系统，目前常用形式是膜下滴灌与施肥的结合。施肥装置一般选择文丘里施肥器、压差式施肥罐或注肥泵，有条件的地方可以选择自动灌溉施肥系统。滴灌施肥系统由水源、首部枢纽、输配水管道、灌水器四部分组成。其中水源主要为机井水等，首部枢纽包括电机、水泵、过滤器、施肥器、控制和量测设备、保护装置，输配水管道包括主管道、干管道、支管道、毛管道及管道控制阀门，灌水器包括滴头、滴灌带等。草莓定植前需整地、施基肥、做垄、铺设滴灌。河南地区设施草莓一般做高垄（具体要求参考草莓定植部分内容），每垄栽两行，在垄中间位置铺设一条滴灌毛管，滴头间距一般选用10 ~ 20厘米间距，流量1.05 ~ 1.7升/小时的滴灌管，这样能够充分地满足草莓对水分和养分的需求，安装使用参照有关规范。滴灌支管长度一般不超过50米，距离过长，末端压力小，灌溉不均匀，影响草莓的正常生长。

2.肥料的选择

（1）主要矿质元素的生理作用：

1）氮（N）：草莓植株需要大量的氮。当氮含量过低时，植株生长和果实大小都会受影响，而且仅产生很少的匍匐茎。当严重不足时，老叶会变为橙色或者红色，新叶呈淡绿色且有较短的叶柄（图7.1）。氮过量对草莓植株也是有害的。灰霉病和螨类的增加以及草莓质量的降低都与高水平的氮肥量有关。硝化细菌将铵态氮转化为硝态氮，从而促进植物吸收，土壤熏蒸会杀死硝化细菌，这些情况下可能会发生氨中毒。

图 7.1　草莓缺氮

2）磷（P）：同其他作物相比，草莓对磷的需求量较低。实地调查表明，很少有缺乏磷的问题，这类物质的缺乏会减少细胞分裂生长、减少匍匐茎、根系较小以及因花青素引起的老叶变紫，幼叶会变成深绿色（图7.2 ~ 图7.5）。土壤中磷过量比缺乏所造成的问题更常见，特别是一些含磷复合肥的大量使用会导致磷的逐渐积累。磷会和土壤中的铁、铝、钙、铜、锌离子形成不溶性沉淀，所以过量的磷会导致微量元素营养不良。

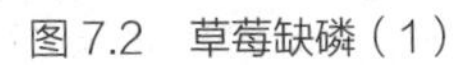

图 7.2　草莓缺磷（1）

图 7.3　草莓缺磷（2）

图 7.4　草莓缺磷（3）

图 7.5　草莓缺磷（4）

3）钾（K）：草莓对钾的需求量很高，因为它是果实的主要成分。种植前施入钾肥是提供钾的最有效方式，通过追肥、叶面吸收也是可行的方式，但是这种方式单独一次应用所提供的量很少。钾缺乏时首先会在老叶发生，表现为边缘坏死。小叶叶柄可能会坏死，且小叶变黑（图7.6 ~ 图7.9）。

图 7.6　草莓缺钾（1）

图 7.7　草莓缺钾（2）

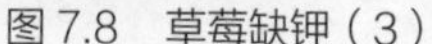

图 7.8　草莓缺钾（3）

图 7.9　草莓缺钾（4）

4）硫（S）：硫是某些氨基酸的必要成分，因此缺乏硫的植株会出现类似氮含量低所引起的症状；淡黄色或淡红色的老叶一级植株生长不良。缺乏硫的叶片经常会出现红色斑点。硫的叶面喷洒可用于控制白粉病，必要时也可以用来降低土壤pH值，这样可以间接地影响植株病害以及对其他营养物质的吸收（图7.10）。

图 7.10　叶片缺硫症状

5）钙（Ca）：缺乏钙时，果实会偏软，新叶叶尖变为棕色杯状，无法完全扩展。症状常首先出现在匍匐茎尖，严重的情况下，叶片脉间会渐渐枯死。植株缺钙，通常情况下并非土壤中钙含量不足，而是钙离子流动性受限制导致。例如，土壤湿度低、阴冷潮湿等因素。所以大部分情况下，保持较好的土壤水分是防止钙缺乏的有效手段（图7.11 ~ 图7.16）。

6）镁（Mg）：不同土壤中镁含量变化很大，而且镁缺乏的现象很普遍，尤其是沙性和酸性土壤。缺镁时，叶片呈黄色或

图 7.11　草莓叶片缺钙症状

图 7.12　缺钙引起叶缘褐枯

图 7.13　缺钙引起生理吐水返盐症状

图 7.14　缺钙引起花蕾吐水

图 7.15　缺钙引发裂果

图 7.16　缺钙缺镁混发症

红色，并且可能坏死，症状会在老叶脉区域首先出现。镁的利用率完全依赖土壤pH值，钾肥过量时也会导致镁缺乏。由于镁盐的可溶性较好，可以通过叶片和土壤表面以及种植前施用镁肥（图7.17～图7.20）。

图7.17　草莓缺镁（1）

图7.18　草莓缺镁（2）

图7.19　草莓缺镁（3）

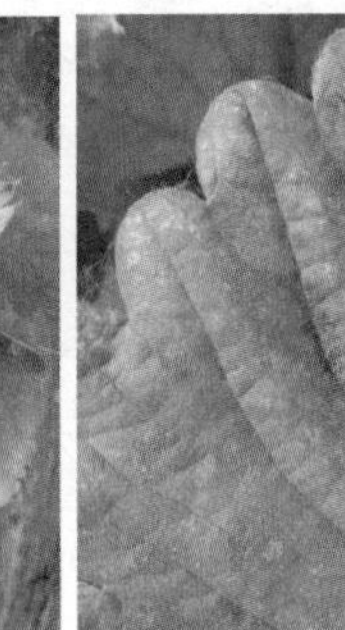

图7.20　草莓缺镁（4）

7）铁（Fe）：铁主要参与水溶性叶绿素的合成，因此缺铁时会导致叶片发黄，铁的利用率会随着pH值的降低而升高，过量施用石灰、土壤和灌溉用水pH过高都会导致缺铁。施用铵态氮会降低根际土壤pH值，从而提高铁的吸收率。很少有为了缓解铁缺乏而在土壤中施用含铁的肥料，酸化土壤是最经济有效的方法（图7.21～图7.24）。

图 7.21　草莓缺铁

图 7.22　育苗田植株缺铁症状

图 7.23　生产田植株缺铁症状（1）

图 7.24　生产田植株缺铁症状（2）

（2）基本要求：滴灌施肥系统施用底肥与传统施肥相同，可包括多种有机肥和化肥。但滴灌追肥的肥料品种必须是可溶性肥料，常温下需要具有以下特点：全水溶性、全营养性、各元素之间不会发生拮抗反应，与其他肥料混合不产生沉淀；溶解快速，流动性好，施用方便；溶液的酸碱度为中性至微酸性，不会引起灌溉水pH值的剧烈变化；对灌溉系统的腐蚀性较小。符合国家标准或行业标准的尿素、碳酸氢铵、硫酸铵等肥料，纯度较高，杂质较少，溶于水后不会产生沉淀，均可用作追肥。补充磷素一般采用磷酸类可溶性肥料作追肥，补充微量元素肥料，一般不能与磷素追肥同时使用，以免形成不溶性磷酸盐沉淀，堵塞滴头。同时，需要对灌溉水的化学成分和pH值有所了解，注意某些化肥可改变水的pH值，如硝酸铵、硫酸铵、磷酸一铵、磷酸二氢钾等会降低水pH值，而磷酸氢二钾、磷酸二铵等则会使水的pH值增高。当水源中含有碳酸根、钙镁离子时，灌溉水的pH值增高可能引起碳酸钙、碳酸镁的沉淀，从而使滴头堵塞。

（3）肥料种类：水肥一体化常用的肥料在形态上分固体肥和液体肥。其中氮肥可选择尿素、尿素硝铵溶液、硝酸钾、硫酸铵、硝铵磷；磷肥可选择磷酸二铵和磷酸一铵（工业级）、聚磷酸铵（液体）；钾肥可选择水溶性硫酸钾、硝酸钾；复混肥可选择水溶性复混肥（粉剂或液体）；镁肥可选择硫酸镁；钙肥可选择硝酸铵钙、硝酸钙；微量元素肥可选择硫酸锌、硼砂、硫酸锰及螯合态微量元素。

水溶性肥料是近几年兴起的一种新型肥料，在设施草莓生产中得到了广泛使用。我国水溶性肥料农业标准中把它定义为经水溶解或稀释，用于灌溉施肥、叶面施肥、无土栽培、浸种蘸根等用途的液体或固体肥料。在实际生产中，水溶性肥料主要是指水溶性复混肥，不包括尿素、氯化钾等单质肥料。目前在我国生产的水溶性复混肥必须经国家化肥质量监督检验中心登记。根据其组分不同，可以分为水溶性氮磷钾肥料、水溶性微量元素肥料、含氨基酸类水溶性肥料、含腐殖酸类水溶性肥料。其中水溶性氮磷钾肥料是未来发展的主要类型，既能满足作物多营养生长的需要，又适合灌溉系统。目前市场上供应较多的为含氮磷钾养分大于50%及微量元素大于0.2%的固体水溶复混肥。有各种配方和品牌。常见的配方有：平衡型水溶肥（20–20–20+TE，19–19–19+TE，18–18–18+TE）、高氮型水溶肥（30–10–10+TE）（高氮型配方易吸潮结块，物理性质不稳定，配方较少）、高磷型水溶肥（9–45–15+TE，20–30–10+TE，10–30–20+TE）、高钾型水溶肥（15–10–30+TE，8–16–40+TE），TE表示加入了微量元素。大部分水溶肥呈粉末状，也有部分为液肥，液体肥料是含有一种或一种以上营养元素的液体产品，在灌溉系统中使用非常方便。液体复混肥含有植物生长所需的全部营养元素，包括氮、磷、钾、钙、镁、硫和微量元素，也是以后的发展趋势。

3.草莓施肥方案的制定　草莓水肥一体化施肥方案的制定，应首先根据草莓的需肥规律、地块的肥力水平及目标产量确定总施肥量、氮磷钾比例及底肥、追肥的比例。底肥在整地前施入，追肥则按照草莓生长期的需肥特性，确定其次数和数量。在生产实践中，施肥总量的制定，一般多采用目标产量法和经验法。草莓在一定目标产量下吸收的养分量是比较清楚的，根据每吨草莓养分移除量中氮、磷、钾的含量（氮含量为6 ~ 10千克，磷含量为2.5 ~ 4千克，钾含量大于10千克，需求比例是1.0：0.4：1.4），以及滴灌时养分的利用率（氮80% ~ 90%，磷25% ~ 40%，钾80% ~ 90%），可计算出整个生育期的总施肥量。以草莓目标产量2 000千克/亩为例，每亩的养分总需求量为：N 18.3千克、P_2O_5 21.9千克、K_2O 24千克。通过施基肥和滴灌追肥的方式提供。

氮源选择上应该以硝态氮为主，高温时铵态氮容易对根系造成毒害，影响草莓的生长，铵态氮与硝态氮的比例为1：4较好。底肥将全生育期施肥总量20%～30%的氮肥、80%以上的磷肥、30%～40%的钾肥，以及其他各种难溶性肥料和有机肥料等作基肥。追肥宜少量多次，水、肥、热（温度）同步。常用作追肥的化学肥料有硝酸铵、尿素、磷酸铵、硝酸钾、硝酸钙、磷酸钾等。为满足开花结果期对各种营养的需求，一般在草莓开始生长之后至开花期前，每亩施尿素9～10千克、硫酸钾4～6千克，基肥量充足的前期可以不施；浆果膨大期追肥：一般每亩施尿素10～15千克、硫酸钾5～8千克。草莓大量结果后，植株体内养分缺乏，为尽快恢复植株生长，多形成新叶新根，可根据需要进行追肥。一般于采果后用高浓度复合肥及尿素10千克/亩左右分别交替施用，间隔时间一般10～15天。施肥量也可根据采果量的多少确定，多采果多施肥，少采果少施肥。

施用水溶性复混肥，可在定植至开花期，施高磷配方肥，每亩2.5千克，施用4次，每隔一周施1次，开花至坐果期施用氮磷钾平衡肥，每亩3.5千克，施用2次，果实膨大期施用高钾型复混肥，每亩10千克，施用3次，在采收期，氮磷钾平衡肥和高钾肥交替使用，每亩10千克，施用4～5次，整个生长期注意钙镁及微量元素的补充。

4.施肥方法　水肥一体化技术的核心原则是少量多次。少量多次原则主要根据草莓不同时期的养分吸收规律来分配，吸收多时多分配，否则发挥不了节肥增产的效果。同时也使得施肥变得更加灵活，可以根据草莓的长势进行调整。在草莓的施肥实践中，常用的做法是施入有机肥、磷肥和常规复合肥作基肥、喷施叶面肥补充微量元素，随水追施水溶性复合肥料作为追肥。整个生育期每7 ~ 9天追肥1次，共需追肥20 ~ 25次。具体方法是先将肥料溶解于水，将肥液倒入压差式施肥罐，或倒入敞开的容器中用文丘里施肥器吸入。每次加肥时须控制好肥液浓度，一般在1立方米水中加入0.75 ~ 1千克肥料，肥料用量不宜过大，防止浪费和系统堵塞，每次施肥结束后再灌溉20 ~ 30分钟，冲洗管道。施肥罐底部的残渣要经常清理。

压差式施肥法：施肥罐与主管上的调压阀并联，施肥罐的进水管要达罐底。施肥前先灌水20 ~ 30分钟，施肥时，拧紧罐盖，打开罐的进水阀，罐注满水后再打开罐的出水阀，调节压差以保持施肥速度正常。加肥时间一般控制在40 ~ 60分钟，防止施肥不均或不足。

文丘里施肥法：文丘里施肥器与主管上的阀门并联，将事先溶解好的肥液倒入一敞开的容器中，将文丘里施肥器的吸头放入肥液中，吸头应有过滤网，吸头不要放在容器的底部。打开吸管上阀门并调节主管上的阀门，使吸管能够均匀稳定地吸取肥液。

五、水肥一体化技术下草莓施肥应注意的问题

1.管道堵塞问题　如果水源含有泥沙或有机质含量较多则容易造成滴管口堵塞，所以需要加装过滤器，常见过滤器有沙石分离器、介质过滤器，滴灌带尾端应该定期打开冲洗，防止

杂质在滴灌带内堵塞。滴肥结束后应该用清水继续冲洗10分钟以上，将管道内肥料冲洗干净。主管道尽量使用黑色不透光材料，防止管道内藻类生长堵塞滴灌带。

2.过量灌溉问题　草莓根系生长浅，需要注意过量灌溉问题，有的种植户总担心水量不够，人为延长灌溉时间，不单单是浪费水，溶解于灌溉水的养分还会随水淋洗到根层以下，肥料不起作用，对壤土和黏土而言，流失的主要是尿素、硝态氮，首先表现为缺氮。对沙土而言，过量灌溉后，各种养分都会被淋洗掉，从而导致草莓表现缺肥症状。避免过量灌溉可通过了解根层分布深度和查看土壤湿润深度来解决，根系层湿润了，即可停止灌溉。

3.盐害问题　草莓喜中性或微酸性土壤，属盐碱敏感植物。由于滴灌出水量小，水分渗漏快，部分矿物养分无法随水分下渗到根区，而在地表造成盐分积累，随着滴灌次数的增加，地表盐分浓度增加，对草莓造成损害，同时也会改变土壤理化性质，表现为烧根和叶片枯萎（图7.25）。

图7.25　盐害

4.养分平衡问题 滴灌是局部供水肥，根系主要在滴头下湿润范围内密集生长，这时根系对土壤的养分供应依赖性减小，更多依赖于通过滴灌提供的养分。这就要求滴灌的肥料配比更加多元，更加速效。对养分的合理比例和浓度以及施用时间都有更高的要求。通常种植户多重视氮、磷、钾肥的施用，而忽略了钙、镁及微量元素的补充，这样也会造成草莓生长不良，达不到高产优质的效果。目前水溶性复合肥料有多种配方，很多配方除氮、磷、钾外，还添加了钙、镁及微量元素，这样就为草莓根系保证了全面的营养供应。以色列等国滴灌的肥料基本都是水溶复合肥。

5.灌溉及施肥均匀度问题 设施灌溉的基本要求是灌溉均匀，保证田间每株作物得到的水量一致。只有灌溉均匀，施肥才能均匀，水肥均衡供应，草莓长势才能均匀，因此在选择滴灌带时需要注意，直喷型的滴灌带由于靠近主管道和尾部的水压不一致，在管道较长时容易造成管道两点出水量不同，导致灌溉和施肥不均匀，从而影响植株长势。所以长地块建议选择贴片式的滴灌带，保证水肥的均匀（图7.26、图7.27）。

图7.26 肥害（1）

图7.27 肥害（2）

第八章 草莓病虫草害防治技术

一、草莓主要病害、生理障碍及其防治

1.草莓灰霉病

（1）症状识别：灰霉病主要侵害叶、花、果柄、花蕾及果实。叶片上产生褐色或暗褐色水渍状病斑，有时病部微具轮纹。空气干燥时呈褐色干腐状，湿润时叶背出现乳白色绒毛状菌丝团。花及花柄发病，病部变为暗褐色，后扩展蔓延，病部枯死，由花延续至幼果。果实发病初期病部出现油渍状淡褐色小斑点，之后病斑颜色加深成褐色，最后果实变软，表面密生灰白色霉层。

（2）发生规律：灰霉病菌为弱寄生菌，病菌容易从伤口、自然孔口如气孔、花器蜜腺以及腐烂物（如腐烂花瓣，过熟的果实）等处首先侵入，所以，草莓发病时间一般为花期和果实成熟期。气温20℃左右，高湿条件下，发病较重，反之，干旱少雨往往发病轻。

（3）防治方法：

1）避免在低洼积水地块栽植草莓，控制田间湿度，合理密植，通风透光，控制施肥量；地膜覆盖以防止果实与土壤接触。

2）清除病原，及时摘除病、老、残叶及感病花序，剔除病果。

3）从花序显露开始喷药，可喷施430克/升腐霉利悬浮剂800倍液，50%咯菌腈可湿性粉剂5 000倍液，或40%嘧霉胺悬浮剂800倍液，或50%异菌脲700倍液，或50%乙烯菌核利可湿性粉剂800倍液，或50%啶酰菌胺1 200倍液，根据天气情况7～10天喷1次，特别应在降雨后及时喷药。在大棚内可以使用百菌清或腐霉利烟剂，特别是低温寡照、雨雪天气，以避免喷水剂增加空气湿度。草莓采摘期用药，也可以使用生物制剂10%多抗霉素可湿性粉剂500倍液，或哈茨木霉菌防治（图8.1～图8.4）。

图8.1 灰霉病（1）

图8.2 灰霉病（2）

图 8.3　灰霉病（3）

图 8.4　灰霉病（4）

2.草莓白粉病

（1）症状识别：白粉病主要为害草莓叶片和嫩尖，花、果、果梗及叶柄也可受害。被害叶片出现暗色污斑，稍后叶背斑块上产生白色粉状物，后期成红褐色病斑，严重时叶缘萎缩、枯焦，叶向上卷曲。果实早期受害，幼果停止发育，后期受害，果面形成一层白色粉状物，失去光泽并硬化。

（2）发生规律：在北方病菌以闭囊壳、菌丝体等随病残体留在地上或在活着的草莓老叶上越冬，在南方多以菌丝或分生孢子在寄主上越冬或越夏，病原菌靠带病的草莓苗和风雨传播，侵染和传播的最适宜温度为15～25℃，低于5℃或高于35℃几乎不发病。白粉病是草莓生产中的常见病害，在草莓生长的各个阶段均有发生，温室内草莓白粉病的发病盛期为10月下旬至12月以及翌年2月下旬至5月上旬，持续阴天或缺少日照有助于发病。不同品种对白粉病抗病性表现不同。

（3）防治方法：

1）选用抗病品种：草莓品种间对白粉病的抗性有很大差异，如果栽植不抗病品种就要格外注意预防白粉病。

2）清除病原菌：定植前清理干净棚内或田间的上茬草莓植株和各种杂草。

3）避免过量施用氮肥或栽植密度过大。

4）高温闷棚：草莓白粉病在气温低于5℃或高于35℃几乎不发病，可选择在晴天上午关闭所有风口、窗口和门口，等温度上升到35～38℃时，保持2小时，随后通风降温，如此连续3天，可减少白粉病的为害。切记时间不可过长，否则影响植株生长。

5）硫黄熏蒸预防：在棚内每60平方米安装一台熏蒸器，熏蒸器内盛20克含量99%的硫黄粉，在傍晚大棚放帘后开始加热熏蒸，隔日1次，每次4小时，连续熏蒸3次。其间注意观察，硫黄粉不足时要补充。熏蒸器垂吊于大棚中间距地面1.5米处，为防止硫黄气体硬化棚膜，可在熏蒸器上方1米处设置一伞状废膜用以保护棚膜。此种方法对蜜蜂无害，但熏蒸器温度不可超过280℃，以免亚硫酸对草莓产生药害。如果棚内夜间温度超过20℃时要酌减用药时间。

6）生物防治：喷洒2%嘧啶核苷类抗生素水剂或2%武夷霉素（BO–10）水剂200倍液，间隔6～7天再防治一次。

7）药剂防治：可使用的药剂有，75%百菌清可湿性粉剂600倍液，或25%嘧菌酯悬浮剂1 500倍液，42.8%的氟吡菌酰胺·肟菌酯悬浮剂1 500倍液，或50%醚菌酯水分散粒剂2 500倍液，或

40%硫黄悬浮剂500倍液，或10%苯醚甲环唑水分散性粒剂3 000倍液，或40%氟硅唑乳油8 000倍液，或12.5%腈菌唑乳油6 000倍液，或25%乙嘧酚悬浮剂1 000倍液，或70%甲基托布津可湿性粉剂800倍液。这些药剂可交替使用，间隔7 ~ 10天喷施1次，喷施时要使叶的背面和芽的空隙间都均匀着药。也可采用45%的百菌清烟剂熏蒸。施药时，要注意防止药量过大对草莓产生药害，还应几种农药交替使用，以避免白粉病菌对单一农药产生抗药性。采用药物防治时要注意化学药剂的安全间隔期（图8.5 ~ 图8.7）。

图 8.5 红果白粉病

图 8.6 叶片白粉病

图 8.7 青果白粉病

3.草莓炭疽病

（1）症状识别：主要为害叶片、叶柄和匍匐茎，可导致局部病斑和全株萎蔫枯死。最明显的病症是在匍匐茎和叶柄上产生溃疡状、稍凹陷的病斑，长3～7毫米，黑色，纺锤形或椭圆形。浆果受害后，产生近椭圆形病斑，浅褐色至褐色，软腐状并凹陷，后期也可长出黏质孢子团。有时叶片和叶柄上产生污斑。症状除在子苗上发生外，还发生在母株上，开始1～2片嫩叶下垂，失去活力，傍晚恢复正常，进一步发展植株就会很快枯死。切开枯死病株根部观察，可见外侧向内部变褐色，而维管束并不变色。

（2）发生规律：病菌在组织或植株残体内越冬，显蕾期开始在近地面植株的幼嫩部位侵染发病。在育苗田、移栽后1个月左右、春节后是几个炭疽病高发时期。草莓炭疽病是典型高温型病害，30℃左右发病严重，在盛夏高温雨季该病易流行。在田间，孢子借风雨和流水传播。连作，植株郁闭发病严重。草莓品种对炭疽病抗性有差异，红颜、章姬等易感病，甜查理等较抗病。

（3）防治方法：

1）农业措施：选用抗病品种。栽植不宜过密，氮肥不宜过量，施足有机肥和磷钾肥，提高植株抗病力。及时清除病残体。

2）药剂防治：可喷洒25%咪鲜胺乳油1 000倍液，或50%咪鲜胺锰盐可湿性粉剂1 500倍液，或80%代森锰锌可湿性粉剂600～800倍液，或10%苯醚甲环唑水分散性粒剂1 500倍液，或32.5%苯甲·嘧菌酯悬浮剂1 500倍液，或75%肟菌·戊唑醇水分散粒剂3 000倍液，或60%吡唑醚菌酯·代森联水分散粒剂800倍液，或25%嘧菌酯悬浮剂1 500倍液，或25%硅唑·咪鲜胺可溶液剂1 200倍液，或80%福美双水分散粒剂800倍液进行预防（图8.8 ~ 图8.11）。

图 8.8　炭疽病（1）

图 8.9　炭疽病（2）

图 8.10　炭疽病（3）

图 8.11　炭疽病叶片症状

4.草莓根腐病

（1）症状识别：主要为害根部。开始发病时，在幼根根尖腐烂，至根上有裂口时，中柱出现红色腐烂，并可扩展到根颈，病株容易拔起。该病可以分为急性萎蔫型和慢性萎缩型两种。前者多在春夏发生，植株外观上没有异常表现，在3月中旬至5月初，特别是久雨初晴后，植株突然凋萎，青枯状死亡。后者主要在定植后至初冬期间发生，老叶边缘甚至整个叶片变红色或紫褐色，继而叶片枯死，植株萎缩而逐渐枯萎死亡。

（2）发生规律：病菌以卵孢子在土壤中存活，可以存活数年。卵孢子在晚秋初冬时产生游动孢子，侵入主根或侧根尖端的表皮，形成病斑。菌丝沿着中柱生长，导致中柱变红、腐烂。病斑部位产生的孢子囊借助灌溉水或雨水传播蔓延。该病是低温病害，地温6～10℃是发病适温，大水漫灌、排水不良加重发病（图8.12、图8.13）。

图 8.12　根腐病

图 8.13　根腐病纵切图

（3）防治方法：

1）农业措施：实行轮作倒茬。选用抗病品种。

2）土壤消毒：在草莓采收后，将地里植株全部挖除干净，施入大量有机肥，深翻土壤，灌水后覆盖透明地膜20～30天消毒。也可使用棉隆或石灰氮消毒。

3）药剂防治：发现病株及时挖除，在病穴内撒石灰消毒。发病初期植株灌根，可用58%甲霜灵·锰锌可湿性粉剂，或64%噁霜灵代森锰锌可湿性粉剂500倍液，或72%霜脲·锰锌可湿性粉剂800倍液等，每隔7～10天，连灌2～3次，采收前5天停止用药。

5.草莓细菌性茎腐病

（1）症状识别：新叶干枯坏死，叶片浅褐色，部分病苗叶背面有黄色菌斑或沿叶脉组织脓化；病苗根茎纵切，可见生长点下部短缩茎部位空心化，轻触植株上部可导致空心部位断裂，断口为白色并有少量褐变组织，挤压有脓状液体流出。目前多个实验室进行了病菌的分离工作，但是其病原菌为单一还是复合侵染仍然没有定论，同时研究发现，多种病原菌都能引起类似的症状。

（2）发生规律：每年5月和11月是主要发病时期，低温湿冷的气候更容易引起病害传播。病菌通过浇水、耕作传播。夏季高温停止发病。在病田育苗、采苗或在重茬地、保温设施较差的地块定植发病更重。

（3）防治方法：

1）选用无病苗木，避免连作重茬。

2）栽植前土壤消毒，在7～8月高温期，土壤翻耕整地后，用塑料膜铺盖地面，增温消毒，也可用棉隆、石灰氮进行土壤消毒。

3）减少病原，杜绝在病园繁殖苗木，在生产园发现病株及时拔除，并给土壤消毒。

4）预防可用的化学药剂有：0.3%四霉素水剂，500倍喷雾和淋根。3%中生菌素可湿性粉剂，600～800倍喷雾和淋根。80%乙蒜素乳油，2 000倍左右喷雾和淋根。2%春雷霉素水剂，300～500倍喷施和淋根。4%春雷霉素中生菌素可湿性粉剂，1 000倍左右喷施和淋根。45%春雷霉素喹啉铜悬浮剂1 500倍左右喷施和淋根。47%春雷霉素王铜可湿性粉剂500倍左右喷施和淋根。50%氯溴异氰尿酸可湿性粉剂1 000倍左右喷施和淋根（图8.14～图8.17）。

图8.14　细菌性茎腐病

图8.15　细菌性茎腐病纵切

图 8.16　细菌性茎腐病叶片

图 8.17　细菌性茎腐病横切

6.草莓枯萎病

（1）症状识别：主要为害根部，由于根部受害，病株黄矮，重者枯死。多在苗期或开花至收获期发病，发病初期仅心叶变黄绿色或黄色，有的卷缩或呈波状产生畸形叶，致病株叶片失去光泽，植株生长衰弱，在3片小叶中往往有1～2片畸形或变狭小硬化，且多发生在一侧。老叶呈紫红色，萎蔫，后叶片枯黄，最后全株枯死。受害轻的病株有时症状会消失，而被害株的根冠部、叶柄、果梗维管束则都变成褐色至黑褐色，变褐根部纵剖镜检可见长的菌丝。轻病株结果减少，果实不能正常膨大，品质变劣和减产，匍匐茎明显减少。枯萎病与黄萎病近似，但枯萎病心叶黄化，卷缩或畸形，主要发生在高温期。

（2）发生规律：本病通过病株和病土传播。病菌在病株分苗时进行传播蔓延，病菌从根部自然裂口或伤口侵入，在根茎维管束内进行繁殖、生长发育，并在维管束中移动、增殖，通过堵塞维管束和分泌毒素，破坏植株正常输导功能而引起萎蔫。病菌发育最适温度为28 ~ 32℃。连作或土质黏重，地势低洼、排水不良都会使病害加重。

（3）防治方法：

1）对秧苗进行检疫，建立无病苗圃，选择无病苗栽植。

2）与水稻等水田作物轮作，效果更好。

3）提倡施用酵素菌沤制的堆肥。

4）发现病株及时拔除集中烧毁，病穴用生石灰消毒。也可用棉隆或石灰氮进行土壤消毒。

5）预防可用化学药剂：500克/升异菌脲悬浮剂1 000倍左右淋根或蘸根。50%咪鲜胺锰盐可湿性粉剂1 200倍左右淋根或蘸根。46%氢氧化铜水分散粒剂1 000倍左右蘸根或淋根。12%苯醚甲环唑·氟唑菌酰胺悬浮剂1 500倍左右蘸根或淋根。25%吡唑醚菌酯乳油2 000倍左右蘸根或淋根。可在定植前使用生物农药哈茨木霉菌蘸根，或定植后使用哈茨木霉菌滴灌淋根（图8.18 ~ 图8.20）。

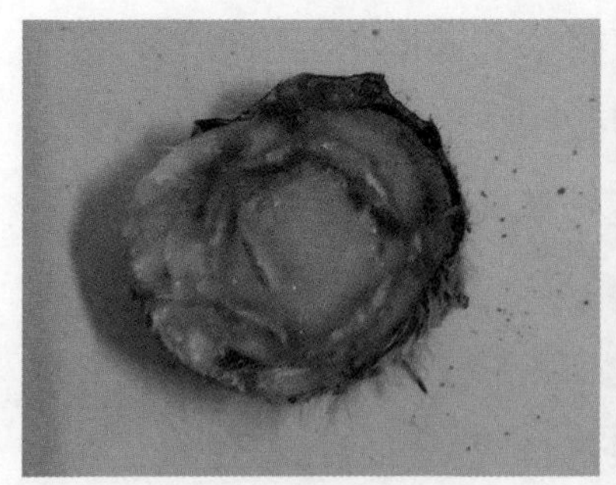

图 8.18 枯萎病短缩茎横切

图 8.19 枯萎病单株症状

图 8.20　枯萎病大田发病

7.草莓叶斑病

（1）症状识别：该病主要为害叶片，造成叶斑，大多发生在老叶上。叶柄、果梗、嫩茎和浆果也可受害。叶上病斑初期为暗紫红色小斑点，随后扩大成2～5毫米大小的圆形病斑，边缘紫红色，中心灰白色，略有细轮纹，似蛇眼。病斑发生多时，常融合成大病斑。

（2）发生规律：病原菌以菌丝在病残体上越冬和越夏，秋冬时节形成子囊孢子和分生孢子，经风雨传播，侵染发病。该病是偏低温、高湿病害，春季多阴湿天气有利于此病的发生和传播，一般花期前后花芽形成期是发病高峰期。28℃以上，此病发生极少。

（3）防治方法：

1）农业措施：及时摘除病老枯死叶片，集中烧毁，加强栽培管理，注意植株通风透光，不要单施速效氮肥，适度灌水，促使植株生长健壮。

2）药剂防治：发病初期用药，药剂可用30%咪鲜胺微胶囊悬浮剂1 000倍液，490克/升丙环唑咪鲜胺乳油1 000倍液，

80%福美双水分散粒剂800倍液，250克/升吡唑醚菌酯2 000倍液，250克/升嘧菌酯悬浮剂2 000倍液，70%甲基硫菌灵可湿性粉剂800倍液，80%代森锰锌可湿性粉剂800倍液等（图8.21 ~ 图8.23）。

图 8.21　草莓叶斑病（1）

图 8.22　草莓叶斑病（2）

图 8.23　叶斑病导致的大面积死亡

8.草莓病毒病

（1）症状识别：草莓病毒病种类很多，对草莓的产量和品质影响很大，其中为害严重的有5种。其一为草莓斑驳病毒，该病毒单独侵染不表现症状，只有复合侵染时表现为植株矮化，叶片变小，产生褪绿斑，叶片皱缩及扭曲。其二为草莓轻型黄边病毒，该病毒可引起植株矮化，当复合侵染时，可引起叶片失绿黄化，叶片卷曲。其三为草莓镶边病毒，该病毒单独侵染时无明显症状，当和斑驳病毒或轻型黄边病毒复合侵染时，病株叶片皱缩扭曲，植株极度矮化。其四为草莓皱缩病毒，感病品种表现为叶片畸形，有褪绿斑，幼叶生长不对称，小叶黄化，植株矮小。其五为草莓潜隐病毒C，该病毒单独侵染时在多数栽培品种上不表现症状，和其他病毒复合侵染时，植株表现为矮化，叶片反卷扭曲。

（2）发生规律：苗木带毒是病毒病发病的主要原因之一，引进带毒草莓植株后，自然繁殖的子苗都带毒。另外，蚜虫是田间株间传毒的主要媒介。

（3）防治方法：

1）注意检疫：引进无病毒苗木栽植，可显著提高草莓产量和品质，并注意，1～2年换1次苗。

2）苗木脱毒：草莓苗在40～42℃下处理3周，切取茎尖组织培养，获得无毒母株后，进行隔离繁殖无毒苗。

3）生长期防治蚜虫：50%氟啶虫胺腈水分散粒剂10 000倍液，10%氟啶虫酰胺水分散粒剂1 500倍液，75%螺虫乙酯吡蚜酮水分散粒剂3 000倍液， 10%吡虫啉可湿性粉剂1 500倍液喷雾，25%噻虫嗪水分散粒剂2 000倍液，大棚中可用1%吡虫啉油烟剂喷烟防治，防止棚内湿度加大。

9.草莓生理性缺钙

（1）症状识别：新嫩叶片皱缩或缩成皱纹，顶端不能展开，叶片褪绿，有淡绿色或淡黄色界限，下部叶片也发生皱缩，顶端叶片不能充分展开，尖端叶缘枯焦，浆果变硬、味酸。

（2）发生规律：保护地草莓植株缺钙一般发生在春季2～3月，气温较高，植株营养生长加快，在土壤干燥或土壤溶液浓度高的条件下，阻碍对钙的吸收。酸性或沙性土壤容易发生缺钙症状。

（3）防治方法：

1）在草莓种植之前土壤增施石膏或石灰，一般每亩施用量为50～80千克，视缺钙情况而定。

2）及时进行园地灌水，叶面喷施或滴灌螯合钙。

10.草莓生理性缺铁

（1）症状识别：缺铁的初期表现为嫩叶黄化失绿，严重缺铁时，叶脉为绿色，叶脉间表现为黄白色，色界清晰明显，新成熟的小叶变白色，叶缘枯死。缺铁植株根系生长差，长势弱，植株较矮小。

（2）发生规律：碱性土壤和酸性较强的土壤均易缺铁，土壤过干、过湿也易出现缺铁现象。

（3）防治方法：草莓园增施有机肥，促进根系健康发达和各种元素均衡吸收。在草莓缺铁时可用硫酸亚铁、各种螯合铁等叶面喷肥或根施（图8.24、图8.25）。

图 8.24　生理性缺铁（1）

图 8.25　生理性缺铁（2）

11.草莓氨害

（1）症状识别：草莓氨害主要是指保护地栽培的草莓受氨气为害。绝大多数发生在老叶上。初期表现为叶片边缘夜间不"吐水"，距叶缘2～3厘米处出现褪绿，后逐步转变为淡红色和紫褐色，并发展到叶缘枯死或全叶死亡。严重发生时全园草莓叶片类似"火烧"，叶片成黄白色枯叶，叶干燥易碎，花萼枯黄，果实畸形，影响产量。

（2）发生规律：通常在保护地大棚覆盖后15天内，由于草莓移植前施用的大量有机肥（底肥）正处于分解阶段，易出现保护地内氨气浓度过高，发生氨害。另外，当草莓园施用追肥后肥料分解产生氨气，超过草莓生长的临界浓度时，造成草莓叶片受害。当早晨开棚门时，迎面扑来一股刺鼻氨气臭味时，说明保护地内氨气浓度过高。

（3）防治方法：

1）施用腐熟的有机肥作底肥；如果施入未腐熟的有机肥，必须在起垄前30～45天施入，深翻耙匀后浇水，以利于有机肥腐熟。

2）在保护地覆盖后15天内，要求保护地通风时间长，早晨揭棚通风要早，傍晚盖棚要迟。

3）冬季长期阴雨，闭棚时间过长，将会造成棚内氨气积累过多，应根据当时的气温高低，进行适当通风。

4）叶面喷施海藻酸、碧护、氨基酸等叶面肥可缓解氨害。

二、草莓主要害虫及其防治

1.螨类

（1）症状识别：为害草莓的螨类有多种，其中以二斑叶螨和朱砂叶螨为害严重。二斑叶螨成螨污白色，体背两侧各有一个明显的深褐色斑，幼螨和若螨也为污白色，越冬型成螨体色变为浅橘黄色。朱砂叶螨成螨为深红色或锈红色，体背两侧也各有一个黑斑。

（2）发生规律：二斑叶螨和朱砂叶螨都以成螨在地面土缝、落叶上越冬。在郑州地区的露地草莓上，2月底始见越冬二斑叶螨成螨，随着温度回升，其繁殖速度加快，为害逐渐严重，防治不及时容易暴发成灾。

（3）防治方法：

1）引种时要避免引入二斑叶螨。

2）草莓定植缓苗后防治叶螨，尽早消灭虫源，可有效避免后期暴发。具体药剂可用：34%螺螨酯6 000 ~ 8 000倍液，15%哒螨灵乳油2 000倍液，1.8%阿维菌素1 500倍液，30%联苯肼酯四螨嗪悬浮剂1 500倍液，110克/升乙螨唑悬浮剂2 000倍液。也可采用天敌防治，如捕食螨、塔六点蓟马等，塔六点蓟马成虫和若虫均捕食螨虫及其卵，不为害草莓，1龄若虫日平均捕食螨虫量为13.5头，2龄为15.2头，3龄为15.7头，成虫日平均捕食螨虫卵量为100个，捕食成螨量为30头（图8.26 ~图8.28）。

图 8.26　二斑叶螨

图 8.27　二斑叶螨为害状

图 8.28　朱砂叶螨

2.蚜虫类

（1）症状识别：蚜虫俗称腻虫，为害草莓的主要是棉蚜和桃蚜，另外有草莓胫毛蚜、草莓根蚜等。棉蚜体绿色，无光泽，桃蚜绿色或紫红色。蚜虫在草莓嫩叶叶背、叶柄和花柄上吸食汁液，排出的黏液污染果面和叶片，叶片受害严重时卷曲。

（2）发生规律：棉蚜以卵在花椒、夏至草等植物上越冬，桃蚜以卵在桃树芽腋处越冬，但在大棚中持续为害。蚜虫不但直接为害草莓，而且为传播病毒的主要媒介。

（3）防治方法：

1）可用黄板诱蚜。

2）药剂防治：蚜虫发生初期喷药防治，可选择50%氟啶虫胺腈水分散粒剂10 000倍液，10%氟啶虫酰胺水分散粒剂1 500倍液，75%螺虫乙酯吡蚜酮水分散粒剂3 000倍液，10%吡虫啉可湿性粉剂1 500倍液喷雾，25%噻虫嗪水分散粒剂2 000倍液（图8.29）。

图8.29　蚜虫

3.蝽类

（1）症状识别：为害草莓的有多种蝽，常见的有牧草盲蝽、绿盲蝽、苜蓿盲蝽。蝽类以针状口器刺吸幼嫩组织和果实汁液，使果实生长受阻，形成畸形果实。

（2）发生规律：在杂草中越冬，早春先在背风向阳的地块为害，食性很杂。

（3）防治方法：

1）清除虫源，彻底清除草莓园和周围的杂草、枯枝落叶。

2）药剂防治：可使用7.5%高效氯氟氰菊酯吡虫啉悬浮剂1 000倍液，50%氟啶虫胺腈水分散粒剂3 000倍液等。

4.线虫类

（1）症状识别：为害草莓的主要有芽线虫和根线虫，芽线虫和根线虫体长多在1毫米以下，必须用显微镜才可观察清楚。芽线虫主要为害嫩芽，芽受害后新叶扭曲，严重时芽和叶柄变成红色，花芽受害时，使花蕾、萼片以及花瓣畸形，坐果率降低，后期为害，苗心腐烂。根线虫为害后，草莓根系不发达，植株矮小，须根变褐，最后腐烂、脱落。

（2）发生规律：草莓芽线虫主要在草莓芽上寄生，条件不适合时进入土壤中生活，当植株上出现水膜时，它又继续生长发育，在芽生长点附近的表皮组织上营外寄生生活，刺破表皮组织吸食汁液，定植后使新生叶变小畸形，株形矮缩。根线虫在土壤中定居，可为害多种作物，草莓连作为害加重。各种线虫主要是通过种苗和土壤及枯枝落叶、雨水、灌水、耕作工具等传播。一般重茬地和轻沙壤地受害较重。

（3）防治方法：

1）严格实施检疫，杜绝虫源，选择无线虫为害的秧苗，选择无病区育苗，在繁苗期发现线虫为害苗时应及时拔除，并进行防治。

2）轮作换茬，草莓种植2～3年后，要改种抗线虫的作物，间隔3年以后再种草莓。

3）用太阳能结合棉隆或石灰氮进行土壤消毒。

4）药剂防治：防治芽线虫可用1.8%阿维菌素乳油2 000倍液喷雾。防治根线虫可在定植前用药剂处理土壤，或定植后随水滴灌药剂防治，药剂可使用10%噻唑膦颗粒剂1.5千克/亩。

5.象鼻虫

（1）症状识别：成虫深褐色，体长2～3毫米，幼虫蠕虫形。为害花蕾、花梗和嫩叶，使花蕾干枯，对产量影响很大。

（2）发生规律：以成虫在土内越冬，早春出蛰为害，6月中下旬出现第一代成虫。

（3）防治方法：

1）消灭虫源：当上年为害严重时，早春先清除枯叶杂草，然后顺行用50%辛硫磷乳油400倍液浇灌，随即覆薄土防止药剂光解。

2）药剂防治：当发现为害时，可及时喷药防治，使用的药剂有50%辛硫磷乳油1 200倍液，2.5%高效氯氟氰菊酯悬浮剂800倍液。

6.粉虱类

（1）症状识别：目前常见的有白粉虱和烟粉虱，白粉虱成虫体长1 ~ 1.5毫米，翅面覆盖白蜡粉，停息时双翅合拢呈屋脊状，形如蛾子，翅端半圆状。烟粉虱和白粉虱形态近似，个体略小。但近年来烟粉虱在南北方各地为害加剧，烟粉虱寄主范围广，传染病毒能力强。粉虱成、若虫吸食植物汁液，被害叶片褪绿、变黄，虫体排泄大量蜜液污染叶片和果实，形成煤污病，失去商品价值。

（2）发生规律：粉虱每年发生10多代，可在温室以各种虫态越冬，若虫孵化后可短距离游走，当口器刺入叶肉组织后，开始营固定生活。一般在秋季为害严重。

（3）防治方法：

1）生物防治：人工释放丽蚜小蜂，可寄生粉虱若虫。

2）黄板诱集：利用粉虱对黄色的趋性，用黄板诱杀，每亩设置50块。

3）药剂防治：药剂防治要统一联防，使用药剂有10%吡虫啉可湿性粉剂1 000倍液，25%噻虫嗪水分散粒剂2 000倍液，100克/升吡丙醚乳油1 000倍液，100克/升乙虫腈悬浮剂800倍液等。

4）注意消灭温室的越冬虫源。

7.蓟马

（1）症状识别：蓟马使用挫吸式口器刮吸组织汁液为生，嫩叶受害后叶片变薄，叶片中脉两侧出现灰白色或灰褐色条斑，表皮呈灰褐色，出现变形、卷曲，生长势弱，严重情况下会造成顶叶不能展开，整个叶片变黑、变脆，植株矮小，发育不良，或成“无心苗”，甚至死亡。幼果弯曲凹陷，畸形，果实膨大受阻，受害部位发育不良，种子密集，果实僵硬，严重影响果实的商品性。

（2）发生规律：蓟马在春季和秋季发生普遍，为害严重。蓟马成虫活跃、善飞、怕光，白天多在叶背和腋芽处，阴天和夜间出来活动，多在心叶和幼果上取食，少数在叶背为害。雌成虫主要行孤雌生殖，也偶有两性生殖；卵散产于叶肉组织内，每雌产卵60～100粒，卵期3～12天，若虫期3～11天，若虫也怕光，到3龄末期停止取食，坠落在表土化蛹，蛹期3～12天，成虫寿命20～50天。

（3）防治方法：

1）消灭虫源：早春清除田间杂草和枯枝残叶，集中烧毁或深埋，消灭越冬成虫和若虫。

2）用营养钵育苗：栽培时用地膜覆盖，减少出土成虫数量，加强肥水管理，促使植株生长健壮，减轻为害。

3）物理防治：利用蓟马趋蓝色的习性，草莓棚内离地面30厘米左右，每隔10～15米悬挂一块蓝色粘板诱杀成虫。

4）化学防治：在成虫盛发期或每株若虫达到3～5头时，可选用60克/升乙基多杀菌素悬浮剂1 000倍液，110克/升吡丙醚乳油1 000倍液，或22%氟啶虫胺腈悬浮剂3 000倍液，100克/升乙虫腈悬浮剂800倍液，25%噻虫嗪水分散粒剂1 000倍液，25%吡虫啉可湿性粉剂2 000倍液，或3%啶虫脒乳油1 000倍液。根据蓟马昼伏夜出的特性，建议在下午用药。也可采用杀虫烟熏剂防治（图8.30～图8.32）。

图 8.30　蓟马为害叶片症状

图 8.31　蓟马为害果实症状

图 8.32　蓟马为害叶柄症状

8.野蛞蝓

（1）症状识别：野蛞蝓别名鼻涕虫，软体动物，外形像去壳的蜗牛，表面多黏液，头上有长短触角各一对，眼长在长触角上。在我国大部分地区都有发生，在草莓上主要为害成熟期浆果，取食浆果成空洞。

（2）发生规律：野蛞蝓冬春季节在棚内气候适宜时，经常进行为害。蛞蝓怕光，强光下2 ~ 3小时即死亡，因此夜间活动，从傍晚开始出动，清晨之前潜入土中隐蔽，在食物缺乏或不良条件下能不吃不动。阴暗潮湿的环境易于大发生，当气温为11.5～18.5℃，土壤含水量为20%～30%时，对其生长发育最为有利。

（3）防治方法：

1）定植前，施用充分腐熟的有机肥，以创造不适于野蛞蝓发生和生存的条件。

2）药剂防治：可在田间操作行内撒施四聚乙醛颗粒剂1千克/亩防治（图8.33）。

图 8.33　野蛞蝓

9.地下害虫

（1）症状识别：为害草莓的地下害虫主要有蛴螬、地老虎和蝼蛄。蛴螬是各种金龟子幼虫的统称，幼虫弯曲呈C形。地老虎为夜蛾科的一类害虫幼虫的总称，幼虫一般暗灰色，带有条纹和斑纹，身体光滑。主要有非洲蝼蛄和华北蝼蛄，非洲蝼蛄体长30～35毫米，华北蝼蛄体长36～55毫米，体灰褐色，前足为开掘式。蛴螬为害幼根和嫩茎，造成死苗。地老虎小幼虫为害嫩芽，被害叶片呈半透明和小孔，3龄以后白天潜伏在表土中，晚上出来为害，常咬断根状茎造成植株死亡，且为害果实。蝼蛄在表土层穿行，为害作物根系，晚上出来取食果实。

（2）发生规律：蛴螬和地老虎以幼虫在土壤中越冬，蝼蛄以成虫或若虫在土壤中越冬，当春天土温升高时开始为害。地下害虫一般喜欢在土壤有机质含量高、较湿润的地块为害。

（3）防治方法：

1）利用蝼蛄的趋光性，可在蝼蛄发生期挂黑光灯诱杀。

2）在草莓定植前整地时，先用药剂处理有机肥，撒于田间后再翻耕。使用药剂有50%辛硫磷乳油或40%乐斯本乳油，每亩0.5千克加水300倍喷雾。

3）用毒饵诱杀，将敌百虫用水稀释30倍，和炒香的麦麸拌匀，傍晚撒在地面。可防治地老虎和蝼蛄。

图 8.34　蛴螬

4）定植后药剂灌根，可先顺行开沟，用50%辛硫磷乳油1 500倍液浇灌，然后覆土，每亩用50%辛硫磷乳油0.5千克（图8.34）。

三、草莓草害的防治

防御杂草为害是草莓生产中的一个重要问题。由于草莓园施肥量大，灌水频繁，杂草发生量大，不仅与草莓争夺水分和养分，而且还影响通风透光，恶化草莓园的小气候，使病虫害发生严重。草害可使产量损失15%左右。杂草大体上可以分为二年生杂草、一年生杂草和越冬性的一年生杂草三类。

草莓植株低矮，栽植密度大，除草困难，畦内除草有时只能用手锄或人工拔草。目前草莓园仍旧依赖人工除草，不仅工效低，而且劳动强度大。除草要因地制宜，选择省工、省力、成本低、效果好的除草方法，采取综合防治措施。

1.耕翻土壤 在新栽草莓之前，进行土壤深耕翻地，可以有效地控制杂草。耕翻后1～2周不下雨，就可以利用太阳将露在外面的杂草晒死，使翻入土中的不能见光的杂草烂掉。

2.轮作换茬 这是防治杂草的有效措施，可以改变杂草群落，控制难以防治的杂草产生。从防治害虫等方面考虑，草莓也需轮作换茬。这一措施的应用对整个草莓生产的各个环节都有利。

3.覆盖压草 栽植草莓地面用黑色地膜覆盖，可有效防治杂草。

4.人工除草 草莓生长周期中，除草有三个比较关键的时期。一是栽植后至越冬前；二是翌年春季，草莓定植后到开花结果前，以保墒和提高地温为目的进行中耕松土，施肥灌水后还要进行浅耕锄地；三是果实采收后，这时气温较高，降雨较多，草莓和杂草都进入旺盛生长期，也是控制杂草的关键时期。

5.化学除草 化学除草就是利用除草剂防治杂草。化学除草具有高效、迅速、成本低、省工等特点。化学除草是草莓栽培中的一项常规性技术措施。但许多除草剂都会对草莓产生危害，化学除草在草莓园使用也要谨慎。一般使用精喹禾灵、高效氟吡甲禾灵、丁草胺、二甲戊灵、甜菜安·宁等除草剂，实验表明对草莓植株不产生药害或药害较轻，在正常浓度范围内有抑制杂草的效果，但在不同的气候条件下、不同的土壤内使用时效果有一定差异。

（1）育苗田除草：

一是土壤处理杀灭芽前杂草，每亩可使用33%二甲戊灵100毫升，或者96%异丙甲草胺乳油50毫升，或 50%丁草胺乳油100 ~ 125毫升，每亩用水量30升。使用前将畦面泥土整细耙平，清除杂草。于土壤墒情较好，无风晴好天气用喷雾器均匀喷雾，第2天上午定植草莓母株。以上几种芽前封闭除草剂对禾本科杂草和部分双子叶杂草有较好效果。

二是种苗移栽后除草，在草莓定植缓苗后杂草2 ~ 4叶期进行茎叶喷雾处理，每公顷施用16% 甜菜安·宁乳油6 000毫升和15% 精吡氟草灵乳油1 200 毫升，每公顷喷液量450升，对单子叶杂草防效达到99.21%，对双子叶杂草防效达98.37%，适合在草莓育苗田施用。如果草莓育苗田杂草比较单一，则防治单子叶杂草每公顷可分别选用10.8%高效吡氟氯草灵乳油525毫升、15%精吡氟草灵乳油1 500毫升和8.8%精喹禾灵乳油750毫升，对于单子叶杂草的防效在98%以上；对于双子叶杂草可选用16%甜菜安·宁乳油6 000毫升，防效在90%以上，且对草莓苗安全。

（2）生产田除草：

一是土壤处理杀灭芽前杂草，草莓移栽前封闭除草剂的使用，同上述育苗田。

二是生产苗移栽后除草，草莓移栽缓苗后，可用 10.8%高效氟吡甲禾灵40 毫升，或 15%精稳杀得乳油70毫升，兑水30升喷施，能较好地防除3 ~ 5叶期禾本科杂草。